미래의 노트

창의력을 자극하는 174가지 그래프

팀 샤르티에, 에이미 랭빌 지음 |
빅토리 서문 | 이종호 옮김

한스미디어

우리의 비표준적인 인생 길을 받아들여준

타냐와 존에게

주문

이 글이 어디에 인쇄될지 잘 아는 나는 이 글을 쓰면서 일말의 불안을 느낀다. 당신 손에 쥐어진 노트는 어디까지나 당신 것이지 내 것이 아니다. 이 노트는 당신의 생각을 흐르게 하는 수로로 설계되었으므로 내 생각이 고인 습지가 돼서는 안 된다.

진심이다. 남의 공책 첫머리에 글을 끼적이다니 얼마나 이 무례한 짓인가!

그렇지만 누구에게나 첫발을 떼게 해주는 뭔가가 필요할 때가 있다. 『이상한 수학책Math with Bad Drawings』에서부터 『문과생을 위한 수학Math for English Majors』에 이르기까지 네 권의 수학책을 쓰면서 내가 배운 한 가지 교훈은 텅 빈 페이지를 나 혼자 채워 나갈 수 없다는 사실이다. 내게서 나온 최고의 아이디어들은 사실은 온전히 내 것이 아니다. 그것들은 합주와 변주와 확장의 산물이다. 내 생각은 독백이 아니라 함께 주고받을 때 가장 자유롭고 강력하다. 즉, 대화를 통해서 말이다.

이 노트가 그토록 소중한 보물인 이유가 바로 여기에 있다. 대화를 함께 나눌 사람을 선택하려고 할 때 팀 샤르티에와 에이미 랭빌보다 더 나은 사람도 없다. 두 사람은 전문 수학자이다. 둘 다 명성 높은 선생이기도 하다. 하지만 무엇보다 둘은 기쁨을 주는 재능과 별난 열정을 가진 사람들이다.

팀은 연기자로도 활동하고 있다. 마임의 대가 마르셀 모르소Marcel Marceau에게서 마임을 배웠으며, 밥이라는 양이 출연하는 그의 인형극 영상은 네 살배기 내 딸에게 〈머펫 대소동The Muppets〉과 쌍벽을 이루는 작품이다. 한편, 에이미는 최고의 운동선수들에게서 가끔 볼 수 있는 위협적이면서도 자유분방한 탁월성을 지니고 있다.(고등학교 시절에 에이미는 주목받는 농구 슈퍼스타였는데, 〈볼티모어 선Baltimore Sun〉에서 에이미의 대학교 선택을 특집 기사로 다룰 정도였다.)

그렇다면 이 노트는 어떻게 나오게 되었을까?

이 노트는 에이미에게서 시작되었다. 에이미는 미적분 학습 워크북을 만드는 과정에서 일부 페이지를 메모를 위한 백지로 남겨두었다. 나중에 에이미는 마르크 토마세Marc Thomasset(Inspiration Pad를 만든)와 맷 엔로Matt Enlow(2019년 합동 수학 회의Joint Mathematics Meetings의 미술 프로젝트를 담당한)의 작품에 영감을 얻어 '비표준적인' 노트 페이지를 일부 집어넣었는데, 우리에게 익숙한 직선 대신 포물선과 사인 곡선 등을 사용한 것이었다. 에이미의 학생들은 워크북을 금방 써버리고 더 많은 것을 요구했다. 전체 페이지가 수학적 패턴으로 채워진 공책을 만들어줄 수는 없나요?

그때 팀이 거들고 나섰다. 팀은 이 프로젝트의 기술 책임자로 참여해, 에이미와 함께 수백 가지 페이지 아이디어를 브레인스토밍하면서 그 이미지를 만드는 파이썬Python 코드를 작성했다. 그 결과물은 특별했다. 겉보기에 아무 관련이 없어 보이는 세 가지 목적이 경이롭게 융합된 것이었다.

첫째, 이 노트는 아름다운 이미지들을 모아놓은 갤러리이다. 페이지를 넘기다 보면 좌표기하학의 잠재력을 감상하면서 한가로이 거니는 느낌이 든다. 이 책을 처음 (컴퓨터 화면에서 PDF 형태로) 봤을 때 나는 넋을 잃고 바라보며 스크롤을 내리기에 바빴다. 새로운 이미지가 나타날 때마다 "그래. 이게 마지막일 거야. 이젠 가능성의 우물이 다 고갈되었겠지."라고 되뇌었다. 그러면서 페이지를 넘겼으나, 우물은 고갈되기는커녕 또다시 찰랑찰랑 넘치는 한 통의 물을 선사했다.

둘째, 이 노트는 일련의 비공식적 수학 과외 수업이다. 각 장은 직선에서부터 원과 매개변수 방정식에 이르기까지 대수학과 기하학의 대표적인 개념들을 둘러보는 여행 코스이다. 깊은 배경 지식이나 고도의 집중력은 필요 없다. 대신에 삼투 현상이 일어나듯 저절로 얼마나 많은 것을 흡수할 수 있는지(그리고 더 많은 것을 배우고자 하는 호기심이 얼마나 강한지)에 스스로 놀랄 것이다.

셋째, 이 노트는 어디까지나 노트이다. 당신 것이니 무엇이건 당신이 원하는 것으로 채울 수 있다. 글을 쓰고, 색칠을 하고, 끼적거리고, 브레인스토밍을 하고, 인용 구절을 모으고, 해야 할 일 목록을 남기고, 양심의 가책을 느끼는 비밀을 기록하라. 혹은 그저 각각의 페이지가 제공하는 나름의 독특한 초대를 즐겨라.

이 노트의 마법은 모든 페이지에 이 세 가지 목적이 공존한다는 데 있다고 본다. 아트 갤러리와 마찬가지로 각각의 페이지마다 제목이 달려 있다. 수학 수업처럼 각각의 페이지에는 방정식이나 수학 개념이 하나씩 포함돼 있다. 하지만 이 노트는 여전히 노트이다. 가장 중요한 특징은 제목도 아니고, 방정식도 아니고, 그리고 이 추천사는 더더욱 아니다. 가장 중요한 것은 텅 빈 채 남아 있는 공간이다. 모든 수학과 모든 예술적 기교는 오로지 당신의 상상력을 자극하기 위한 재료로 존재할 뿐이다.

나의 실없는 소리는 이만 마치려고 한다. 이제 펜은 당신 것이다.

벤 올린Ben Orlin
미네소타주 세인트폴에서

우리 문명은 선으로 가득 찬 종이 묶음을 인쇄하는 기묘한 습성이 있다. 선을 그린다는 뜻이 아니다. 시구나 격언 구절을 이야기하는 것도 아니다.(line은 영어로 '구절'이란 뜻이 있다. ─옮긴이) 지도 경계선을 말하는 것도 아니다. 그저 줄지어 늘어선 선을 말한다.

종이 묶음의 면마다 희미한 수평선이 일정한 간격으로 줄지어 늘어서 있다.

우리는 그런 노트를 '줄ruled' 노트라고 부른다. rule은 지켜야 할 규칙을 의미하는 법률적인 단어로, 형식이 있는 법률 문서에 어울린다. 이런 어원은 결코 우연이 아니다. 오늘날 rule은 많은 뜻(구속력 있는 규칙, 신뢰할 수 있는 패턴, 통치 등)을 가지고 있지만, 이 모든 뜻의 기원은 '똑바른 막대' 또는 '직선 자'를 뜻하는 라틴어 regula로 거슬러 올라간다. 직선은 최초이자 궁극적인 규칙이라고 말할 수 있다. 나머지 모든 규칙이 거기서 비롯된다.

물론 줄 노트에서 핵심은 선이 아니다. 중요한 것은 선들 사이의 공간이다. 선들은 그 사이의 공간에 생각과 글과 그림을 초대한다. 선들은 그저 강둑에 불과하며, 그 사이로 흐르는 강물은…… 무엇이건 당신이 채우길 원하는 모든 것이 될 수 있다.

여기서 몇 가지 질문이 생긴다. 선들을 바꾸면 생각의 흐름에 어떤 영향을 미칠까? 만약 똑바른 평행선들을 곡선이나 선들의 무리나 십자선으로 바꾸면 어떨까? 모두 천편일률적으로 똑같았던 면에 각자 독특한 개성을 부여하면 어떨까?

만약 선들(규칙들)이 무질서해진다면, 어떤 개념들이 살아날 수 있을까?

• • •

이 노트는 가로가 5.5인치, 세로가 8.5인치이다. 이 크기의 노트에는 전형적으로 책등 안쪽에서 오른쪽으로 1인치 떨어진 곳에 수직선이 하나 그어져 있고, 바닥부터 시작해 수평선 26개가 0.28인치(0.71cm) 간격으로 그어져 있다. 우리는 이 단순한 요소들을 엮어 새로운 형태로 만들려고 한다. 이 프로젝트는 수와 형태 사이에서 양자를 변환하는 방법에 의존하는데, 이것은 좌표기하학이라는 수학 개념이다.

좌표기하학은 출발점인 원점을 정의하면서 시작한다. 여기서는 노트를 펼쳤을 때 두 면이 만나는 책등 안쪽의 맨 밑바닥을 원점으로 정하기로 하자. 이것이 우리 우주의 중심이다. 즉, 모든 행성이 그 주위의 궤도를 도는 태양과 같다.

이제 페이지에 있는 모든 점의 위치를 한 쌍의 숫자로 나타낼 수 있다. 첫 번째 숫자는 x축 좌표(그 점이 책등 안쪽으로부터 떨어진 거리)이고, 두 번째 숫자는 y축 좌표(그 점이 페이지 바닥으로부터 떨

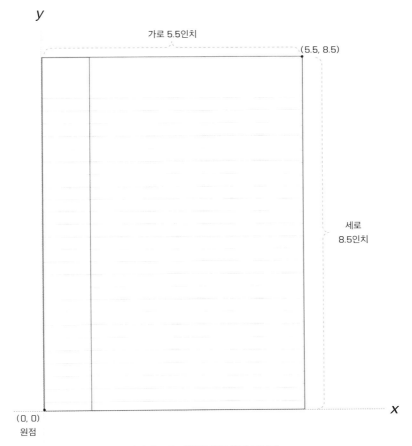

표준적인 노트 페이지 위로 옮긴 좌표계

어진 거리)이다. 예를 들어 오른쪽 페이지 맨 위 오른쪽 모퉁이 지점을 생각해보자. 그 점은 책등 안쪽에서 5.5인치 떨어져 있고, 바닥에서 8.5인치 떨어져 있다. 따라서 $x = 5.5$이고 $y = 8.5$이다. 수학의 속기법을 사용하면, 이 점은 (5.5, 8.5)로 나타낼 수 있다.

또 다른 예를 살펴보자. 책등 안쪽을 따라 뻗어 있는 직선에서

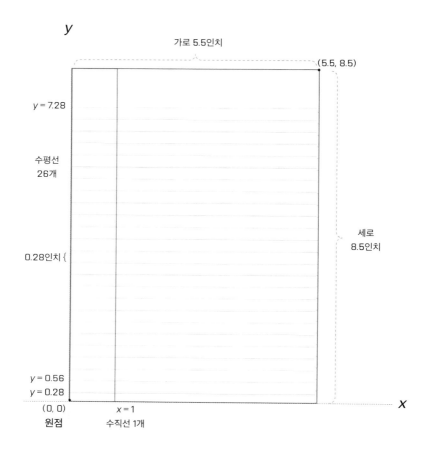

표준적인 노트의 수학

딱 중간에 있는 점은 어떨까? 이 점은 책등 안쪽에서 0인치 떨어져 있고, 바닥에서 4.25인치(8.5인치의 절반) 떨어져 있다. 따라서 $x = 0$, $y = 4.25$이다. 즉, $(0, 4.25)$로 표시할 수 있다.

수직선數直線 위에서와 마찬가지로 오른쪽은 양의 방향이고, 왼쪽은 음의 방향이다. 따라서 오른쪽 페이지의 x 좌표는 모두 양수

이고, 왼쪽 페이지의 x 좌표는 모두 음수이다. 예컨대 왼쪽 페이지
의 왼쪽 맨 아래 모퉁이는 책등 안쪽에서 왼쪽으로 5.5인치 떨어
져 있고 바닥에서 0인치 떨어져 있으므로, 그 좌표는 (-5.5, 0)
이다.

자, 이제 연습 문제를 조금 풀어보자. 노트에서 나머지 모퉁이
들의 좌표는 무엇이고, 각 페이지 중심의 좌표는 무엇일까?•

때로는 좌표계를 약간 비트는 게 도움이 된다. 예를 들면, 원점
을 새로 정할 수도 있다. 책등 안쪽 바닥 대신에 페이지 구석이나
중심을 원점으로 삼아도 된다. 측정 단위도 인치 대신에 센티미터
나 밀리미터로 바꿀 수 있고, 그에 따라 줄들의 간격이 더 촘촘해
지거나 더 벌어질 수도 있다. 각각의 체계는 동일한 언어의 방언
에 해당한다. 이 책에서 우리는 페이지에 따라 가끔 각각의 이미
지를 묘사하기에 더 적합한 것을 선택해 방언을 바꿀 것이다.

프랑스 수학자 소피 제르맹Sophie Germain은 "대수학은 문자로 나
타낸 기하학이고, 기하학은 그림으로 나타낸 대수학이다."라고 말
했다. 우리가 사용하는 방법이 바로 이것이다. 페이지의 모든 점
은 한 쌍의 좌표이고, 모든 좌표 쌍은 페이지의 한 점이다.

이것을 이 특이한 공책에 기록된 첫 번째 특이한 생각이라고 치
자. 수는 공간을 표현하는 수단일 뿐이고, 공간은 수들의 지도일
뿐이다.

• 책등 안쪽 바닥은 (0, 0)이고, 책등 꼭대기는 (0, 8.5)이다. 오른쪽 페이지 오른쪽 아래 모퉁이는
(5.5, 0)이고, 왼쪽 페이지 왼쪽 위 모퉁이는 (-5.5, 8.5)이다. 마지막으로, 오른쪽 페이지 중심은
(2.75, 4.25)이고, 왼쪽 페이지 중심은 (-2.75, 4.25)이다.

• • •

그렇긴 하지만, 줄 노트는 아무 관계 없는 별개의 점들이 모여 있는 장소가 아니다. 각각의 선은 무한히 많은 점의 집합이며, 선들은 패턴을 이루고 있다. 수학자는 이것들을 뭐라고 이야기할까?

예를 들어 설명하는 게 가장 좋겠다. 표준적인 오른쪽 페이지의 수직선은 책등 안쪽에서 오른쪽으로 1인치 지점에 위치한 모든 점으로 이루어져 있다. 다시 말해서, 그 x 좌표가 1이어야 한다. 점들의 높이는 바닥에서 어디에 있건 상관없다. 즉, y 좌표는 아무 제약이 없다. 따라서 수직선 전체를 이루는 이 모든 점은 $x = 1$이라는 단 하나의 방정식으로 표현할 수 있다.

그렇다면 수평선들은 어떨까? 가장 위에 있는 수평선은 바닥에서 7.28인치 지점에 있는 모든 점으로 이루어져 있다. 따라서 이 점들의 y 좌표는 7.28이다. 그리고 이 점들은 책등 안쪽에서의 거리는 어떤 것이어도 괜찮기 때문에 x 좌표는 전혀 문제가 되지 않는다. 따라서 이 직선은 공통의 y 좌표로 나타낼 수 있다. 즉, $y = 7.28$.

물론 표준적인 노트 페이지에는 수평선이 25개 더 그어져 있고, 각각은 이와 비슷한 방식으로 표현된다. 이 모두를 열거하는 것은 다소 거추장스럽긴 하다.

$$y = 0.28 \quad y = 0.56 \quad y = 0.84 \quad y = 1.12 \quad y = 1.40$$

$$y = 1.68 \quad y = 1.96 \quad y = 2.24 \quad y = 2.52 \quad y = 2.80$$

$$y = 3.08 \quad y = 3.36 \quad y = 3.64 \quad y = 3.92 \quad y = 4.20$$

$$y = 4.48 \qquad y = 4.76 \qquad y = 5.04 \qquad y = 5.32 \qquad y = 5.60$$
$$y = 5.88 \qquad y = 6.16 \qquad y = 6.44 \qquad y = 6.72 \qquad y = 7.00$$

그래서 이 책의 목적에 맞게 우리는 단순한 수학적 표기법을 사용하기로 했다. 이 26개의 수평선은 각각 똑같은 형태를 띠고 있으므로, 이 전체 집단을 $y = c$라는 단 하나의 방정식으로 나타낼 수 있다. 여기서 변수 c는 매개변수인데, 눈금이 26개인 다이얼이라고 생각하면 된다. 다이얼 c를 0.28로 설정하면, 맨 아래에 있는 선이 된다. 다이얼 c를 0.56으로 설정하면, 맨 밑에서 두 번째 선이 된다. 이렇게 해서 설정 값을 계속 증가시키면 선은 계속 올라가다가 결국 맨 위에 있는 선에 이르게 된다.

이 장비를 손에 넣은 우리는 이제 새로운 형태들을 만들 준비가 되었다. 이 수학 규칙들은 어떤 생각이든지 구상할 수 있게 해준다. 규칙을 깨는 생각을 떠올리게 할 수도 있다.

• • •

수학은 즐거운 자발성이 넘쳐나는 분야로 인식되지 않는다. 오히려 정반대로 구조의 영역, 숨 막히는 제약이 넘치는 왕국으로 간주된다. 규칙을 깨는 생각을 위한 비표준적 노트를 만들려고 할 때 대수학은 참고해야 할 카드로 전혀 떠오르지 않을 것이다.

하지만 우리가 흔히 생각하는 것과 달리, 창조성은 반드시 모든 제약에서 벗어날 때에만 나오는 것이 아니다. 제약을 극복하고 상상력을 펼칠 때 진정한 창조성이 발휘된다. 우리는 규칙이 필요하다. 그것을 깨기 위해서라도.

이런 의미에서 수학은 맨 처음 들여다보아야 할 곳이다. 수학자이자 작가인 유지니아 쳉Eugenia Cheng은 수학은 레시피를 그대로 따르는 것이 아니라, "부엌에서 식품 재료들을 가지고 노는 것"과 같다고 썼다. 독일 수학자 게오르크 칸토어Georg Cantor는 "수학의 본질은 자유에 있다."라고 선언했다. 그리고 영국의 수학자이자 철학자 앨프리드 노스 화이트헤드Alfred North Whitehead는 "수학을 추구하는 것은 인간 정신의 신성한 광기이다."라고 썼다. 우리의 경험도 이러한 통찰력을 뒷받침한다. 수학은 마음을 담는 상자가 아니다. 혹은 마음을 담는 상자라면, 그 마음은 마치 상자를 가지고 노는 것을 매우 즐기는 고양이 같은 마음일 것이다.

우리는 이 노트가 수학의 창조적 측면을 보여주길 기대한다. 직선들이 어떻게 톱니 모양의 들쭉날쭉한 프랙털 형태를 만들어내는지, 원들이 어떻게 분열하고 통합하는지, 파동이 어떻게 복잡한 풍경과 유명 인물의 얼굴을 만드는지 보게 될 것이다. 더 많은 것을 배우고 싶은가? 어떤 아이디어를 더 깊이 탐구하고 싶으면, 인터넷에서 검색해보라.

우리는 수학의 규칙이 노트의 규칙 같다는 것을 보여주고 싶다. 이 노트는 함께 신나게 놀아보자는 초대장이다.

차례

1장 **직선**

모든 예술 형태는 그것을 이루는 기본 구성 요소가 있다. 시에는 단어가 있고, 음악에는 음이 있으며, 화학에는 원소가 있다. 그리고 우주의 언어인 수학에는 모든 것 중에서 가장 단순하고 우아한 기본 구성 요소가 있다.

그것은 바로 직선이다.

고대 그리스 수학자 유클리드Euclid의 우아한 표현을 빌리면, 선은 '폭이 없는 길이'이다. 그것은 깊이가 없는 길로, 무無에서 불과 두 단계만 떨어진, 구조의 희미한 가닥이다. 그런 의미에서 이 책의 선들(폭이 전혀 없는 것이 아니라 약 0.1mm의 두께를 가진)은 유클리드가 말한 선이 아니다.

하지만 그래도 상관없다. 이 선은 물리적 기본 구성 요소가 아니다. 그것은 개념적 기본 구성 요소이다. 선은 거기서 다른 개념들이 나오는 기본 개념이며, 조합을 통해 다른 형태들을 만들어내는 기본 형태이다. 이 장에서는 선들이 합쳐져 예리한 뾰족점, 서로 가로지르며 지나가는 교차점, 화려한 톱니 모양, 심지어 곡률의 착시까지 만들어내는 장면을 보게 될 것이다.

각각의 이미지는, 음악의 모든 화음이 개개 음들로 이루어지듯이 직선들의 조화로 교향곡이 탄생할 수 있음을 보여주는 사례 연구이다.

20 고전적인 형태

$y = c$; $x = -1$

사선

$y = mx + c$에서 $m = 0$이면 수평선이 되고, $m \neq 0$이면 사선이 된다.

이 페이지의 경우, $m = -\dfrac{1}{4}$이다.

허공에 뜬 선

$-4.125 \leq x \leq -1.375$ 구간에서 $y = c$

비상계단

$y = c$; $y = -0.05x + c$

교차

$y = 2(x+3) + c$; $y = -2(x+3) + c$

교향곡

방정식 $y = \dfrac{c}{2}$ 를 사용해 직선 5개를 그리고,

두 줄을 건너뛴 뒤에 다시 반복한다.

텅 빈 절반

$0 \leq y \leq 3.9$ 구간에서 $y = c$; $3.9 \leq y \leq 8.5$ 구간에서 $x = -1$

핵심

(0, c)에서 (2.75, 3.625)까지 직선을 긋고,
(2.75, 3.625)에서 (5.5, c)까지 다시 직선을 긋는다.

수렴

−4.25 < x ≤ 0 구간에서 $y = c$, 그러고 나서
(−4.25, c)와 (−5.25, 0) 사이를 직선으로 연결하라.

오늬무늬

수평선은 $y = c$로, 아래로 갈수록 선의 길이가 짧아지고, 수직선은 $x = c$로, 옆으로 갈수록
선의 길이가 짧아진다. 오른쪽 아래 구석에 도달할 때까지 계속 선을 그어나간다.

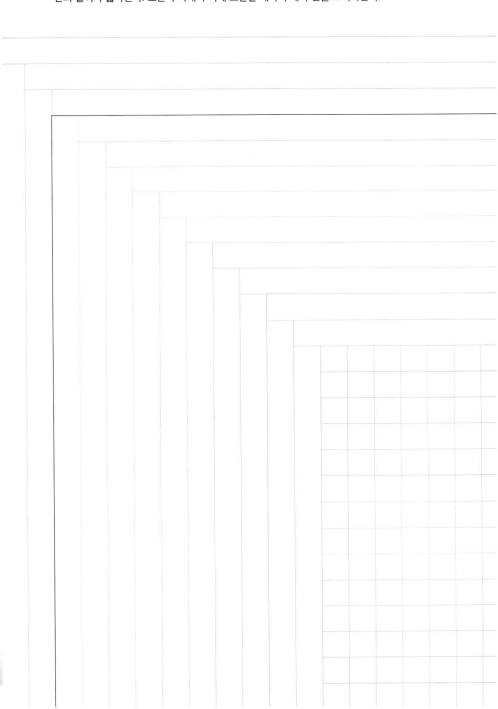

모퉁이

$-x = |y - 4.25| + c,$

여기서 $|x|$는 절댓값 기호이다.
예를 들면, $|3| = 3$이고,
$|-5| = 5$가 된다.

초고속 질주

$y = c$; 수평선들이 타원과 교차하는 지점의 점들을
타원의 중심과 연결한다.

절도

$y = c$; 점 $(0, 3.625)$, $(-2.75, 7.45)$, $(-5.5, 3.625)$, $(-2.75, 0)$를
연결하여 흰색 다이아몬드를 만든다.

발산

점 (0, c), (2.75, 6.37), (5.5, c)를 연결한다.
c는 −3과 10.25 사이에서 일정한 간격으로 늘어서 있다.

사다리

$-3.5 - 0.08(c + 25) \leq x \leq -0.75 - 0.08(c + 25)$ 구간에서 $y = c$

k번째 선은 $0 \leq x \leq 4.95 - 0.14k$ 구간에서 $y = c$를 그려 얻는다;
이것을 $4.95 - 0.14k + 0.05 \leq x \leq 5.5$ 구간에서
$y = c - 0.05$를 그려 얻은 직선과 연결시킨다.

햇빛에 색이 바랜

$y = c$: 각 선을 50개의 선분으로 나누고, 왼쪽으로 가면서
각 선분을 점점 더 희미하게 만든다.

선형 곡선

(0, c)에서 바닥 모서리까지 길이 7.25인치의 선을 긋는다.

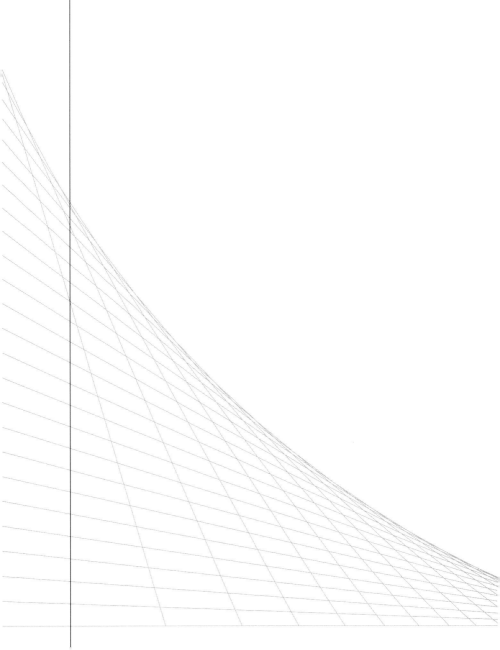

스카이라인

수학에서 적분integral이란 단어는 곡선 아래의 면적을 가리킨다. 하지만 (소설가, 철학자, 시인에게 많은 영감을 준) 더 넓은 의미로는 전체를 가리킨다. 그것은 무한히 작은 조각들이 무한히 많이 모인 것이다. 구불구불 흘러가는 곡선 형태를 어떻게 계산할 수 있을까? 놀랍게도 적분은 선분 조각들을 사용해 계산을 한다. 곡선 아래를 곡선의 윤곽을 드러내는 직사각형들로 채워 일종의 스카이라인(리만 합Riemann sum이라 부르는)을 그려보자. 직사각형이 더 가늘고 그 수가 많을수록 계산이 더 정확해진다. 이렇게 해서 단순한 수직선과 수평선(그 수가 어마어마하게 많은)을 사용해 미묘한 곡률을 평정할 수 있다.

2장   포물선 운동의 궤적

포물선이란 무엇인가?What is the parabola? 수학적 정의가 아니라 말로 풀어 표현하자면, 포물선은 원뿔을 그 옆면에 평행한 방향으로 자를 때 생겨나는 대칭적인 U자 곡선이다. 그런데 여기서 'a' parabola가 아니라 'the' parabola라고 한 데 유의하라. 여기에는 중요한 의미가 있다.

포물선은 오직 하나밖에 없다.

이렇게 말하면 믿기 힘들 것이다. 어쨌든 이 장에는 미소, 찡그린 표정, 언덕, 골짜기, 무지개, 커튼 등 수백 가지 포물선이 등장하기 때문이다. 어떤 것은 예리하고 좁아 보이며 급커브를 그리는 것처럼 보인다. 어떤 것은 폭이 넓고 마루와 골이 예리하지 않으며 완만하게 흘러내리는 것처럼 보인다. 이렇게 다양한 형태는 기하학의 다양성을 말해주지 않는가?

전혀 그렇지 않다. 모든 원이 크기는 제각각이더라도 동일한 기본 형태를 지닌 것처럼 모든 포물선 역시 기본 포물선을 확대하거나 축소한 것에 지나지 않는다. 확대하면 더 평탄해 보이고, 축소하면 더 가팔라 보인다. 그렇지만 모든 포물선은 동일한 형태를 띠고 있다.

포물선은 왜 중요한가? 수천 년 동안은 전혀 중요하지 않았다. 그저 기하학적 호기심의 대상이자 지적 유희의 대상에 불과했다. 그런데 포물선이 방정식 $y = x^2$의 표현이라는 사실이 드러났다. 어떤 수를 제곱할 때마다 그 그림자에 포물선이 도사리고 있다. 이 작은 사실은 아주 큰 결과를 낳는다. 공중으로 던진 돌은 포물선 궤적을 그리며 날아간다. 우주를 떠돌아다니는 혜성도 포물선 궤적을 그린다. 아이작 뉴턴Isaac Newton은 혜성의 궤도에 관한 이 사실을 매우 중요하게 여겨, 근대 물리학의 대작인 『프린키피아』를 쓰면서 혜성의 포물선 궤도 증명을 피날레로 장식했다.

우리에게는 포물선이 피날레가 아니다. x^2 다음에는 x^3이, 그다음에는 x^4이…… 줄줄이 이어진다. 이 곡선들은 포물선보다 더 변덕스럽고 더 다양하다. 그리고 이 곡선들 역시 이어지는 페이지들에서 변주곡처럼 등장할 것이다. 그렇더라도, 우리의 스타는 여전히 포물선인데, 많은 역할을 수행할 수 있는 유일한 배우이다.

빙하 골짜기

$y = x^2 + c$을 왼쪽으로 이동시킨다.

호수의 반영

$y < 0$ 구간에서는
$y = (x + c)(x - c);$
$y > 0$ 구간에서는
$y = -(x + c)(x - c);$
원점은 페이지
중앙으로 옮긴다.

볼록 튀어나온 만곡부

$-x = y^2 + c$를 위쪽으로 이동시킨다.

꼬집기

$y = x^2$과 $y = -x^2$을 오른쪽으로 이동시킨다. 만약 직선이 포물선과 교차하면,
포물선에 접하는 접선을 그린다. 그렇지 않으면, 수평선을 그린다.

돛 펼치기

$0 < a \leq 2$ 범위에서

$$y = a(x + 2.75)^2 + c$$

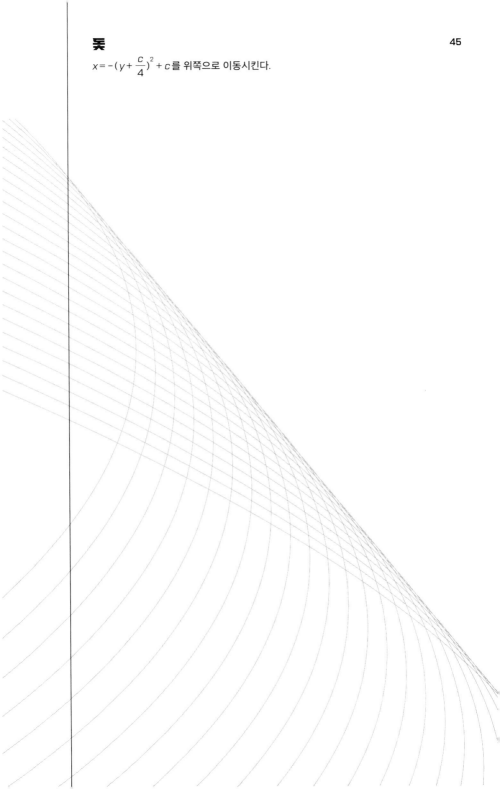

돛

$x = -\left(y + \dfrac{c}{4}\right)^2 + c$ 를 위쪽으로 이동시킨다.

궤도

$y = x^2 + c$ 와 $y = -x^2 - c$; $x = y^2 + c$ 와 $x = -y^2 - c$;
원점은 페이지 중앙으로 이동시킨다.

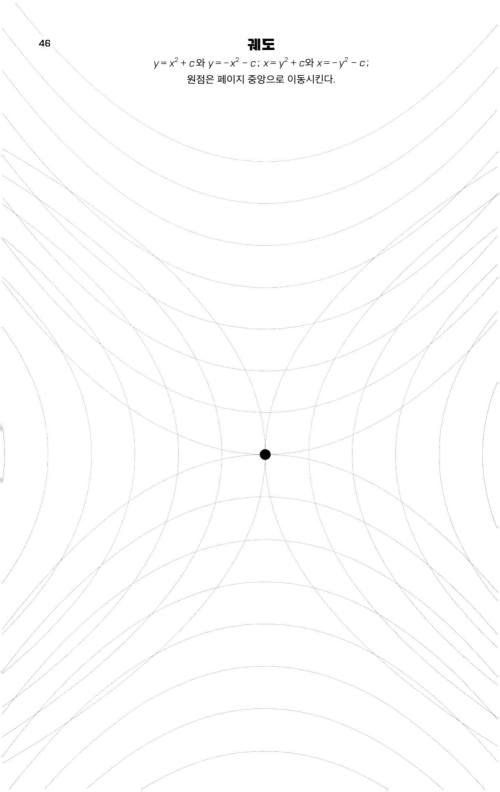

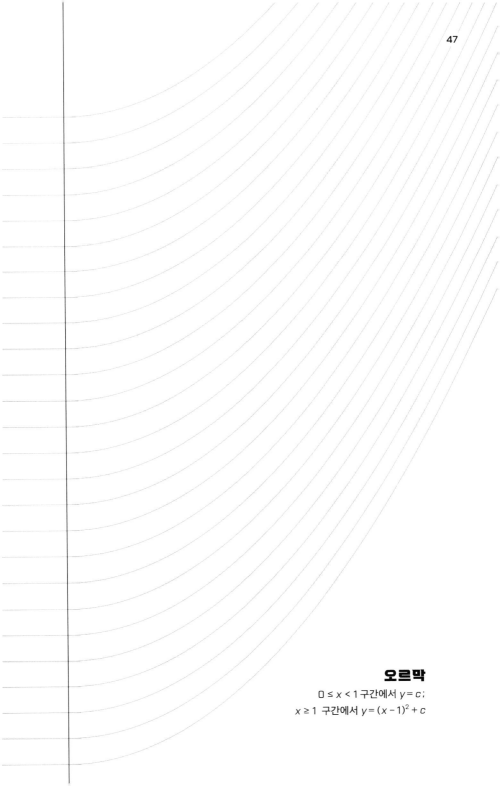

오르막

$0 \le x < 1$ 구간에서 $y = c$;
$x \ge 1$ 구간에서 $y = (x - 1)^2 + c$

언덕과 하늘의 만남

$$y = x^2 + c\,;\ y = -x^2 - c$$

원점은 페이지 중앙으로 이동시킨다.

회전하는 포물선

검은색 포물선을 나선 주위로 회전시킨다.

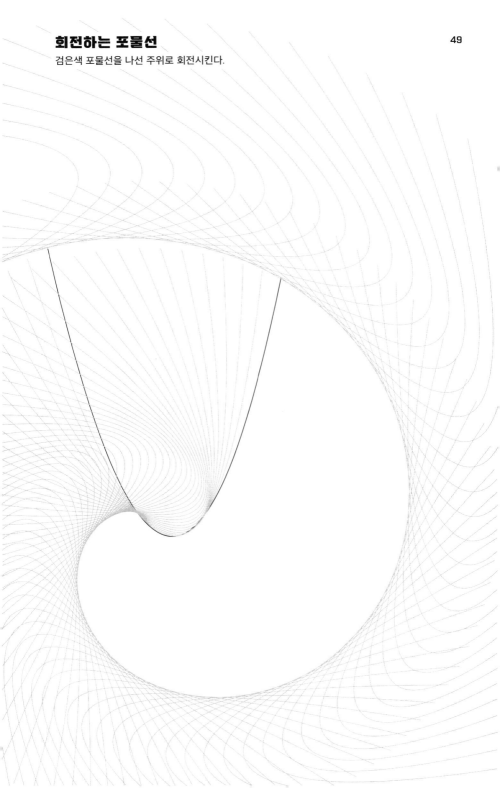

너멀너멀 해어진

$x = (y - c)^2 - c$

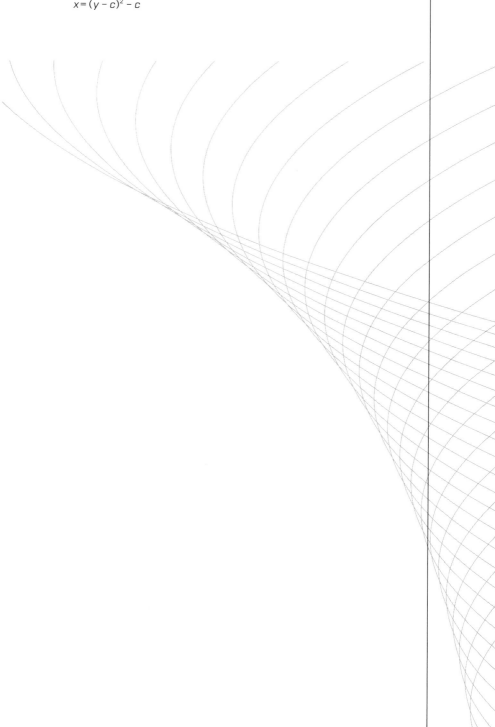

포물체

공기 저항이 없으면, 공은 포물선 궤도를 그린다.
만약 바람이 불어오는 방향으로 공들을 던진다면,
이 페이지의 궤적들은 어떻게 변할까?

다항식, 9행

9행 조각 다항식 모자이크

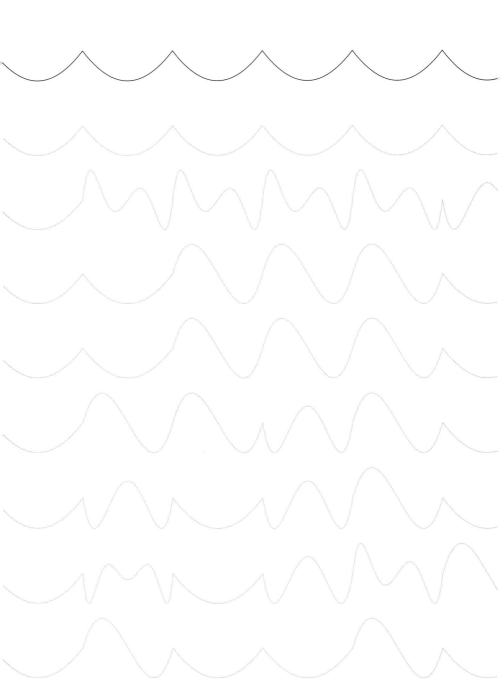

다항식, 34행

34행 조각 다항식 모자이크

70행 조각 다항식 모자이크

현수선懸垂線

$$y = \frac{(e^x + e^{-x})}{2 + c}$$ 를 왼쪽으로 이동시킨다.

사슬이나 전화선이나 무거운 케이블 양끝을 높은 곳에 매달아 늘어뜨려 보라. 그것은 어떤 모양을 이루는가? 얼핏 보면 포물선처럼 보인다. 적어도 이탈리아의 천문학자이자 물리학자, 공학자였던 갈릴레오 갈릴레이(Galileo Galilei)가 본 것은 포물선이었다. 하지만 갈릴레오에게 다시 찬찬히 살펴보라고 권하고 싶다. 이 곡선은 현수선이라 부르는데, 2차함수로 기술되는 포물선이 아니라, e^x 항을 포함한 함수로 기술되는 일종의 쌍곡선이다. 반짝인다고 해서 다 금이 아닌 것처럼 곡선이라고 해서 다 포물선은 아니다.

3장 다각형

작은 것들이 모여 큰 것을 만드는 것은 존재의 기본 양식이다. 원자가 모여 분자가 되고, 분자가 모여 세포가 되고, 세포가 모여 생물이 된다. 단순한 것에서 복잡한 것으로, 거기서 더 복잡한 것으로, ……계속 같은 패턴이 반복된다.

수학에서도 똑같다. 점이 모여 선이 되고, 선이 모여 다각형이 되고, 다각형이 모여 나머지 모든 것이 된다.

다각형은 직선으로 이루어진 닫힌 도형이다. 다각형의 기본은 변이 3개인 삼각형인데, 나머지 모든 다각형은 본질적으로 삼각형이라고 말할 수 있다. 변이 4개인 사각형은 삼각형 2개가 결합된 것이고, 오각형은 삼각형 3개가 결합된 것이며, 나머지 다각형들도 같은 식으로 계속 이어진다.

하지만 다각형은 단순히 선분들을 모아놓은 것이 아니다. 그것은 우리가 단순히 원자들이 모인 것이 아닌 것과 같다. 물리학은 화학으로 확장되고, 화학은 생물학으로 확장될 수 있는 것처럼, 수학적 복잡성의 사다리를 올라갈수록 새로운 연구 분야들이 생겨난다.

적절한 사례는 건축이다. 삼각형과 사각형은 거대한 다리, 화려한 오페라하우스, 그 밖의 많은 기념비적 건축물의 기본 형태를 이룬다.

또 다른 예로는 컴퓨터 애니메이션이 있다. 물의 유동성이나 얼굴의 곡률을 모사하기 위해 3D 애니메이터는 원하는 효과가 나타날 때까지 다각형 위에 다각형을 계속 겹쳐가며 배열하는 방식으로 작업한다.

우리가 좋아하는 예로는 프랙털이 있다. 곧 보게 되겠지만, 프랙털은 무한히 복잡해지는 형태이지만, 단순한 패턴을 점점 더 작은 척도로 반복 재생함으로써 만들어진다. 무한으로 가는 이 길은 다각형으로 포장돼 있다.

삼각형

페이지의 위쪽 절반을 세 번 회전시킨다.

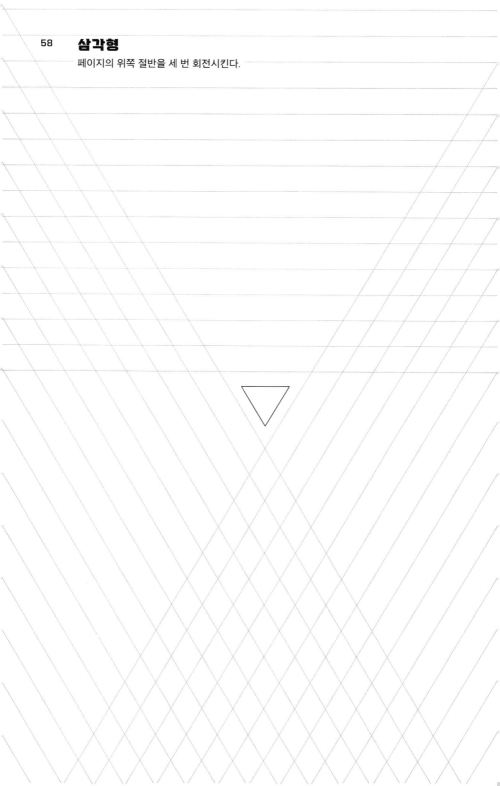

오각형

페이지의 위쪽 절반을 다섯 번 회전시킨다.

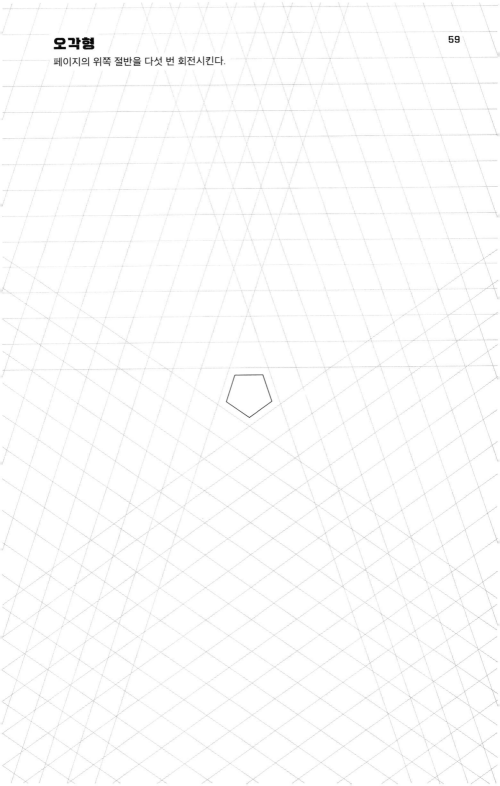

칠각형

페이지의 위쪽 절반을 일곱 번 회전시킨다.

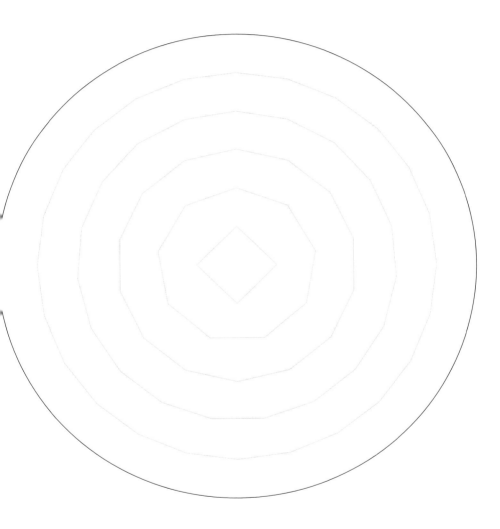

선분 몇 개만으로는 원처럼 보일 수 없다. 하지만 선분의 수가 늘어날수록 가장자리가 점점 부드러워진다. 이 페이지에서 바깥쪽 검은색 선은 진정한 원이 아니라, 999개의 선분이 연결된 것이다. 3D 애니메이션에서도 동일한 원리를 사용한다. 비디오 게임과 영화에서도 선으로 된 형태를 사용해 자동차와 꽃, 얼굴을 근사하게 재현한다.

트리오

삼각형 3개를 회전시킨다.

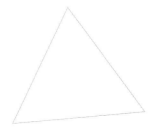

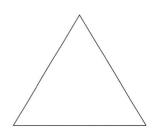

꽃

삼각형 10개를 회전시킨다.

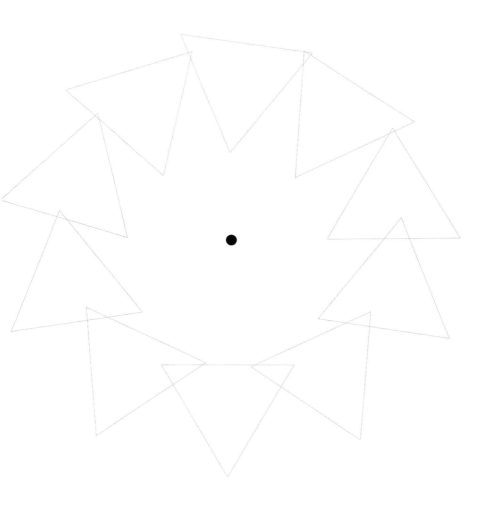

왕관

삼각형 30개를 회전시킨다.

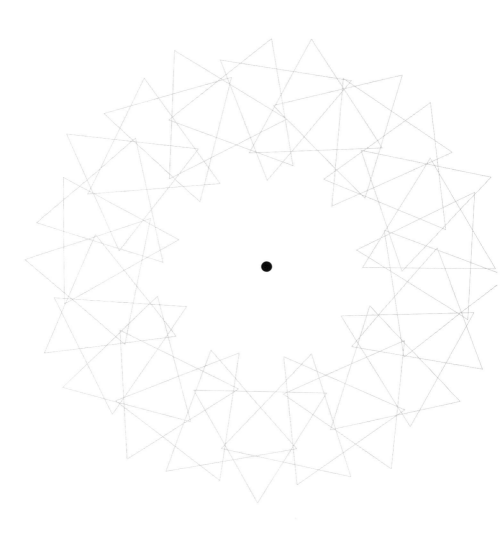

스피로그래프(기하학적 그림을 그리는 도형 자)

삼각형 90개를 회전시킨다.

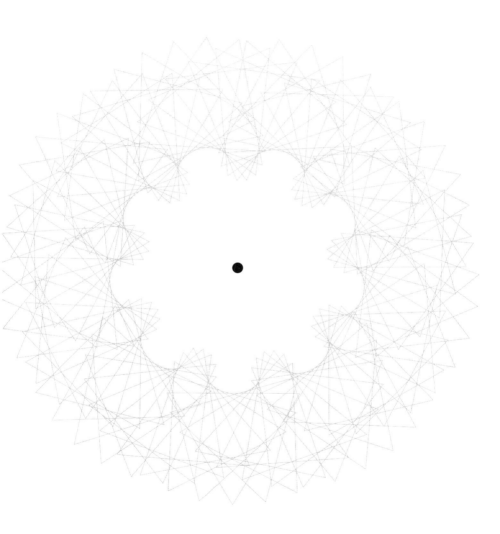

여기서 나타나는 형태를 에피사이클로이드(epicycloid)라고 부르는데,
10장에서 다시 만나게 될 것이다.

첫 번째 반복

정삼각형으로 시작한다.

두 번째 반복

앞 그림의 각 변에서 중간 3분의 1을 없애고,
대신에 정삼각형의 양쪽 옆변을 그려 넣는다.

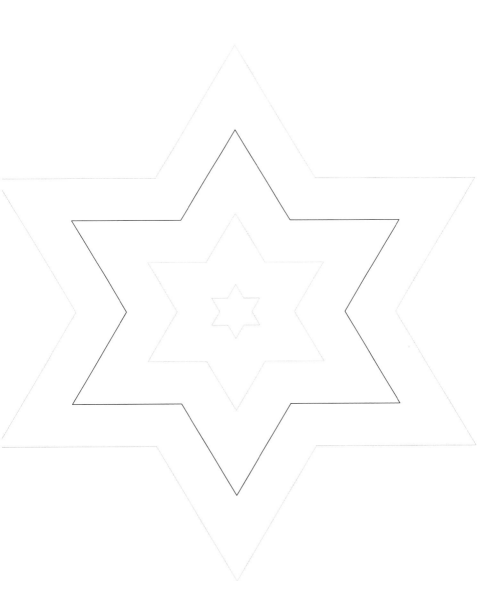

세 번째 반복

앞 그림의 각 변에서 중간 3분의 1을 없애고,
대신에 정삼각형의 양쪽 옆변을 그려 넣는다.

네 번째 반복

앞 그림의 각 변에서 중간 3분의 1을 없애고,
대신에 정삼각형의 양쪽 옆변을 그려 넣는다.

코흐 눈송이

앞 그림의 각 변에서 중간 3분의 1을 없애고,
대신에 정삼각형의 양쪽 옆변을 그려 넣는다.

이 형태를 코흐 눈송이(Koch snowflake)라 부른다. 어떤 척도로 확대하더라도 모퉁이 위에 모퉁이가 있고, 그 위에 다시 모퉁이가 계속 반복되는 패턴이 나타난다. 믿기 힘들겠지만, 인공적으로 만든 이 도형은 실제로 자연의 단계별 구조와 아주 비슷하다. 나무에서 가지들이 갈라져가는 모습이나 폐에서 기관지와 세기관지가 허파꽈리로 갈라져가는 경로, 구름의 가장자리, 산의 삐죽삐죽한 윤곽에서도 이와 비슷한 패턴이 나타난다. 모퉁이 위에 모퉁이가 겹쳐지면서 작은 것에서부터 아주 큰 것에 이르기까지 동일한 형태가 반복된다.

4장   원 거리의 잔물결

원을 정의하는 것은 무엇인가? 둥근 형태나 대칭성이나 단순성처럼 흔히 우리의 눈길을 끄는 속성은 답이 아니다.

원을 정의하는 것은 거리이다.

원은 공통 중심에서 같은 거리에 있는 모든 점의 집합이다. 따라서 원의 형태는 거리 개념과 불가분의 관계에 있다. 그리고 거리 개념은 원의 형태와 불가분의 관계에 있다.

원은 등거리 개념이 물리적으로 발현된 것이라고 말할 수 있다. 연못에 돌을 던지면, 왜 원형의 잔물결이 생겨날까? 잔물결을 이루는 점들은 모두 돌이 떨어진 지점에서 같은 거리에 있다. 큰 행성들과 별들은 왜 구형일까? 마찬가지로 표면에 있는 점들은 중력 중심에서 모두 같은 거리에 있다. 작가인 아나이스 닌Anaïs Nin은 "인생은 완전한 원이며, 무한한 원운동과 합쳐질 때까지 계속 확장한다."라고 썼다.

3개의 원

한 원을 가운데 있는 검은 점을 축으로 하여 120°씩 회전시킨다.

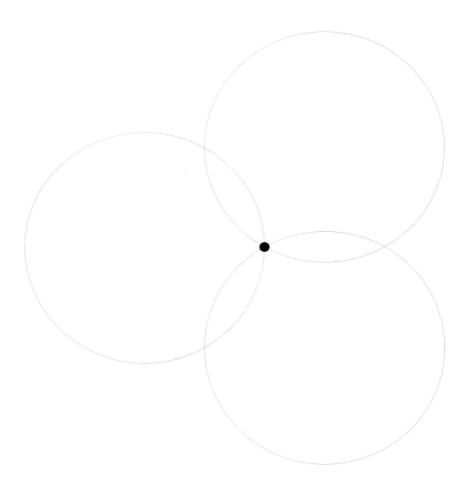

6개의 원

한 원을 가운데 있는 검은 점을 축으로 하여 60°씩 회전시킨다.

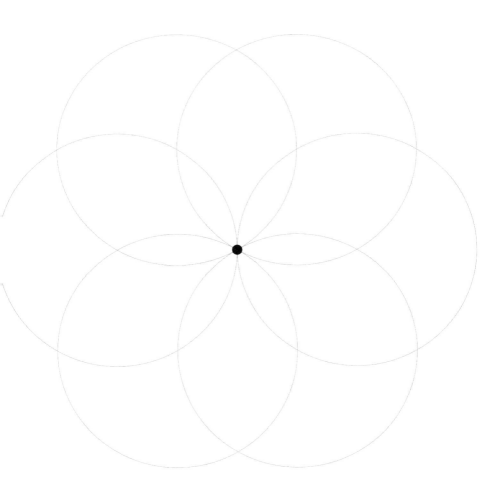

12개의 원

한 원을 가운데 있는 검은 점을 축으로 하여 30°씩 회전시킨다.

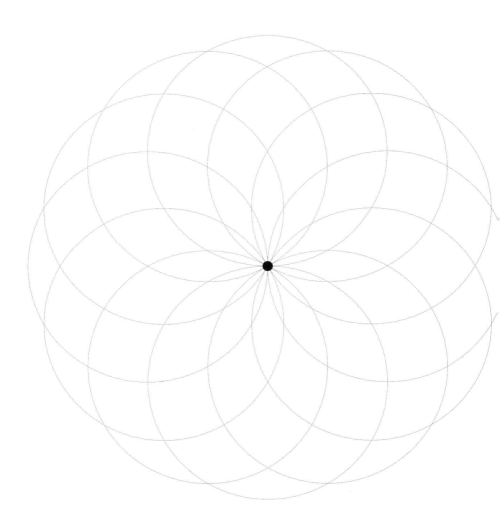

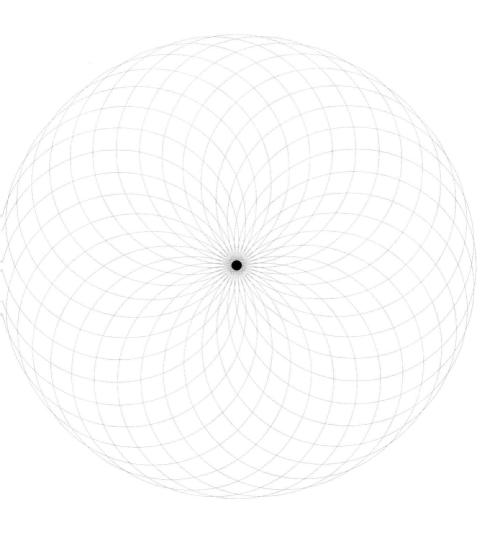

32개의 원

한 원을 가운데 있는 검은 점을 축으로 하여 11.25°씩 회전시킨다.

잔물결

$x \leq 0$ 구간에서 $y = \sqrt{c^2 - x^2}$

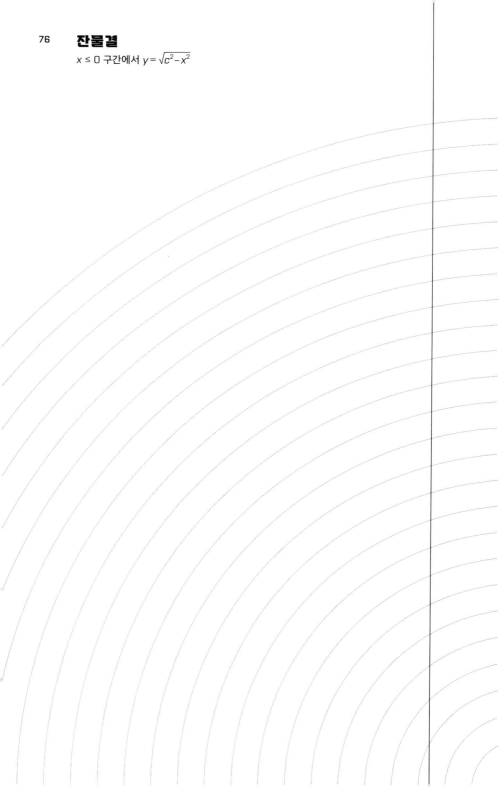

요요

$0 \leq x \leq 0.194k$ 구간에서 $y = c$; $0 \leq k \leq$ 원의 개수 범위에 대해

$$(x - 0.194k)^2 + (y - c + 0.14)^2 = (0.14)^2$$

두 잠수함

왼쪽 맨 위 끝과 오른쪽 맨 아래 끝에 중심이 있고,
반지름은 줄들의 표준 간격(0.28인치)만큼
차이가 나는 원들

하늘을 덮고 있는 구름

$y = c$; 반지름이 각각 1.75, 1.75, 2.5인치인
흰색 원들을 그린다.

3홀 펀치

표준적인 페이지를 만든다 ; 페이지 중앙에서 큰 원형 지역을 복사한다 ;
90° 회전시킨다 ; 복사한 것을 $y = -1$ 지점을 중심으로 하여
세 군데에 배치한다.

전선 위의 새

*k*번째 선을 만드는 방법: *k* = 13이 아니면, $y = c$; *k* = 13이면, 수평 방향으로 중심에서 약간 벗어난 낮은 위치의 점에 연결한다; 기울어진 선 위로 흰색 원을 그린다.

폭포

두 수평선을 줄 세 칸 간격의 반지름을 가진 사분원으로 연결한다.

형체가 없는 정사각형

네 벌의 동심원 집단을 그린다.
그 위에 흰색 정사각형을 덮어씌운다.

강당

중심에서 수직 방향으로 한 칸 위와 아래 높이에서 반원들을 수평으로 배치한다.

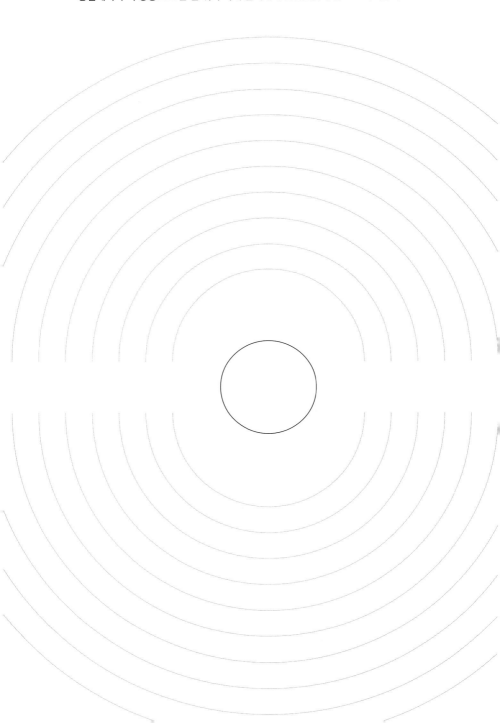

조가비

검은색 원에서 시작한다 ; 매 단계마다 앞 단계의 원을 회전시키고 확대시킨다.

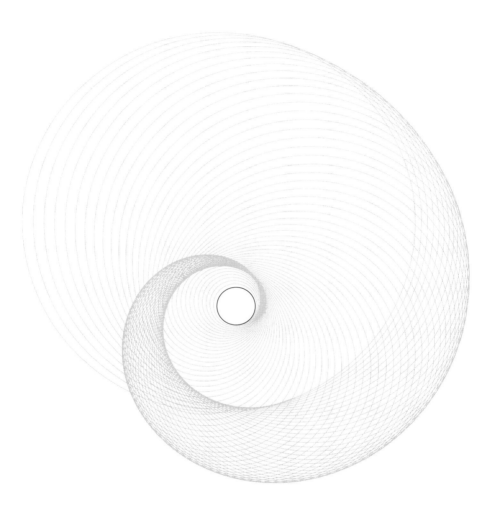

과속 방지턱

중심이 $(-1, c)$이고 반지름 $= 1.1k + 0.3$인 반원;

반원이 k번째 선과 교차하는 지점에서 그 선을 연장한다.

타디스 TARDIS

(영국 드라마 〈닥터 후〉에 등장하는 차원 초월 시공 이동 장치)

검은색 원으로 시작한다; 매 단계마다 앞 단계의 원을 회전시키고 확대시킨다.

뢸로 삼각형

정삼각형을 하나 그린다; 삼각형의 한 꼭지점을 중심으로 하고
나머지 두 꼭지점을 지나가는 원호를 그려 모서리를 둥글게 만든다.

뢸로 삼각형이라는 이름은 바퀴를 사실상 재발명한 19세기의 독일 공학자 프란츠 뢸로(Franz Reuleaux)에게서 비롯됐다. 어떻게 바퀴를 재발명했느냐고? 삼각형과 사각형을 비롯해 대부분의 형태가 자전거 바퀴로 적절치 않은 이유는 잘 굴러가지 않아서가 아니라, 회전할 때 위아래 방향의 변동이 커서 덜컹거리기 때문이다. 원은 그렇지 않다. 원은 굴러가면서 회전할 때 지름이 결코 변하지 않기 때문에 덜컹거리지 않는다. 놀랍게도 폭이 항상 일정한 뢸로 삼각형 역시 그렇다. 그래서 뢸로 바퀴가 달린 자전거는 보통 자전거처럼 부드럽게 달린다.

5장 **파동** 자연의 리듬

일본의 선불교 선사인 스즈키 순류鈴木俊隆는 "파도(파동)는 물의 실행이다. 파도를 물과 분리하거나 물을 파도와 분리해 이야기하는 것은 착각이다."라고 썼다. 어쩌면 그럴지도. 하지만 수학자에게 파동의 실행은 물에 그치지 않는다. 파동은 반복의 원초적인 형태이다. 그것은 주기성의 화신이다.

파동은 해체된 원으로 보면 이해하기가 편하다. 빙글빙글 도는 대관람차에서 한 점에 시선을 고정시키고 올라갔다 내려갔다 하는 그 높이를 추적해보라.

올라갔다 내려오고……

올라갔다 내려오고……

올라갔다 내려오고…….

이것은 사인 곡선의 오르내림으로, 자연계의 메트로놈이다. 일출에서 일몰까지, 여름에서 겨울까지, 우리의 삶은 주기와 파동을 따르며 움직인다. 음악은 소리의 파동(음파)이고, 색은 전자기 복사의 파동이며, 원자는 양자역학의 관점에서 보면 잠재성의 파동이다. 버지니아 울프Virginia Woolf는 소설 『파도 The Waves』에서 "잠자고 있던 단어들이 이제 머리를 들고 일어나 넘어졌다 일어나고, 또 넘어졌다 일어나네."라고 썼다.

컵과 그릇

중심이 $y = c$에 있는 위쪽 반원과 아래쪽 반원을 교대로 반복한다.

신시사이저

모서리 바닥을 따라 균일한 간격으로 x 점들을 배열한다; y 점들은 c와 $c + 0.3$ 사이에서 교대로 반복된다; 각각의 c에 (x, y)를 연결해 선을 만든다.

요동치는 바다

$y = \sin x + c$

거짓말 탐지기

$y = e^{-(x-2)^2} \cos\left(30(x-2) - 6.5(x-2)^2\right)$을 4개 복사해
오른쪽과 위쪽으로 이동시킨다.

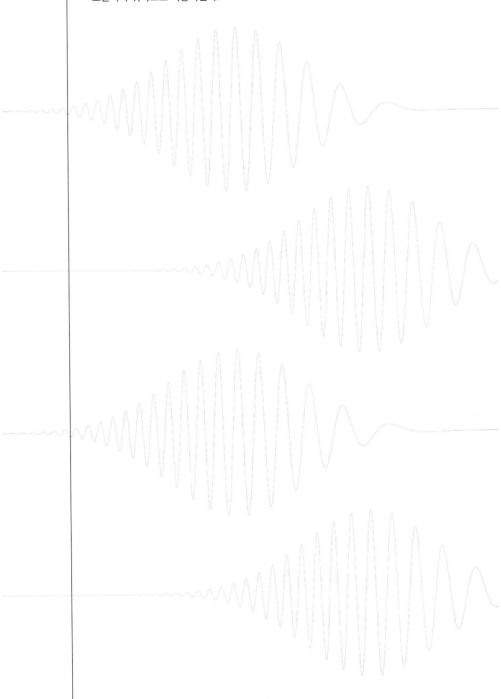

땋은 머리

$$y = \sin x + c\,;\; y = \sin\left(x - \frac{\pi}{3}\right) + c\,;\; y = \sin\left(x - \frac{2}{3}\pi\right) + c$$

시골 풍경

$y = 0.4 \sin 0.2cx + 0.3c$

지질 구조

$$y = \sin(2x)\ln(-0.5x) + c$$

레인스틱(빗소리를 내는 원통형 악기)

$y = 0.18cx + \sin 2x$를 오른쪽과 위쪽으로 이동시킨다.

마시멜로

$$\frac{\cos(x+y)}{20} - \cos x - \cos y = 0$$을 축소한다.

대양

$y = \sin x + c \,; \, y = \cos x + c$

정전기로 삐쭉 선 머리카락

$y = e^{0.25x} \sin 2x + c$; 통통 튀어오르는 용수철의 높이를 모형으로 삼아.

페이지 전체 폭 구간에서의 $y = \dfrac{c}{2}$ 와 $0 \le x \le \dfrac{\sin c}{2} + 1$ 구간에서의

$y = \dfrac{c}{2}$ 를 반복한다.

음악

$y = \sin 2k\pi x + c$, 여기서 k는 헤르츠 단위로 나타낸 음정이다;
피아노의 중앙 '도' 음은 261헤르츠이다.

음파는 공기를 진동시킨다. 파동의 높이가 높을수록 진동이 더 커지고 소리도 더 커진다. 그리고 파동이
좁을수록 진동이 더 빠르고, 음이 더 높아진다. 예를 들면, 중앙 '도' 음은 $y = \sin 522\pi x$에 해당하고, 약
간 더 높은 음인 '레' 음은 $y = \sin 660\pi x$로 표현할 수 있다. 이 페이지는 일종의 수학적 악보 음악이다.
각각의 선은 동요 〈메리와 어린 양(Mary Had a Little Lamb)〉의 한 음에 해당한다(모두 똑같은 시간
동안 똑같은 크기의 소리로 연주되는).

6장　극한

우리는 무한을 아주 멀고 엄청나게 거대한 것으로 상상하는 경향이 있다. 하지만 수학자에게 무한은 그것보다 더 도처에 널려 있는(그리고 마음을 불안하게 만드는) 것으로 보인다.

고대 중국에서 회자되던 수수께끼 같은 이야기가 있다. "기다란 막대가 있다. 매일 그것을 반씩 잘라낸다고 하자. 기나긴 세월이 흘러도 막대는 없어지지 않을 것이다." 어떻게 그럴 수 있을까? 막대는 결국에는 완전히 사라지지 않을까? 우리 눈에 보이지도 않을 만큼 작은 막대라는 건 도대체 무엇을 의미할까?

아마 제논의 역설에서 똑같은 개념을 마주친 경험이 있을 것이다. 방을 건너가려면 먼저 그 절반 지점을 지나가야 한다. 그다음에는 남아 있는 거리의 절반을 지나가야 한다. 그다음에도 남아 있는 거리의 절반을 지나가야 한다. 이런 식으로 항상 남아 있는 거리의 절반을 지나가는 과정을 끝없이 계속해야 한다. 그렇다면 언제 방 건너편에 도착한단 말인가?

이러한 수수께끼들은 오랫동안 수학자들을 괴롭혀왔다. 하지만 오늘날에는 그토록 짜증나던 대상이 기쁨을 주는 것으로 변했다. 노력하고 노력하고 또 노력해도 결코 도달하지 못하는 무한 접근 개념은 현대 수학을 추진하는 엔진이다. 이어지는 페이지들에서는 점점 더 가까이 다가가는 선들, 점점 커지면서 간격이 점점 촘촘해지는 소용돌이들, 점점 더 빨라지는 파동들을 만날 것이다. 여기서 핵심 개념은 영원히 다가가지만 결코 도달하지 못하는 목적지인 극한이다.

극한은 완전히 사라진 중국인의 막대이자 마침내 건너는 데 성공한 제논의 방이다. 그것은 현대인의 마음에서 살아난 고대 수학의 환상과 수수께끼이다.

$y = c$, 여기서 첫 번째 선은 $c = 0.28$이다.

그리고 c는 이전 선과 $y = 7.25$ 사이 거리의 절반에 위치한다.

$y^2 = x^2 \sin^2 15x$를 오른쪽과 위쪽으로 이동시킨다.

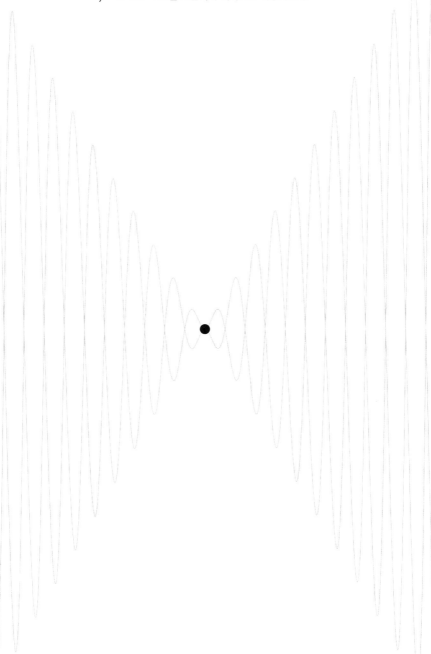

특이점

$$y = -\frac{1}{x+1} + c$$

코일

$x = \sin \dfrac{1}{y}$ 을 기반으로 한 검은색 곡선;

검은색 곡선들 사이에 수평선들을 긋는다.

$x < -1$ 구간에서 $y = \ln(-x-1) + c$;
$x > -1$ 구간에서 $y = \ln(x+1) + c$

파열

$x < 1$ 구간에서 $x = \dfrac{1}{1-x} + c$;

$x > 1$ 구간에서 $y = \sin x \dfrac{1-x}{(x-1)^2} + c$;

둘 다 점근선은 $x = 1$이다.

방향 급전환

$$x = \frac{x^2 - 4}{x + 2.75} + c$$

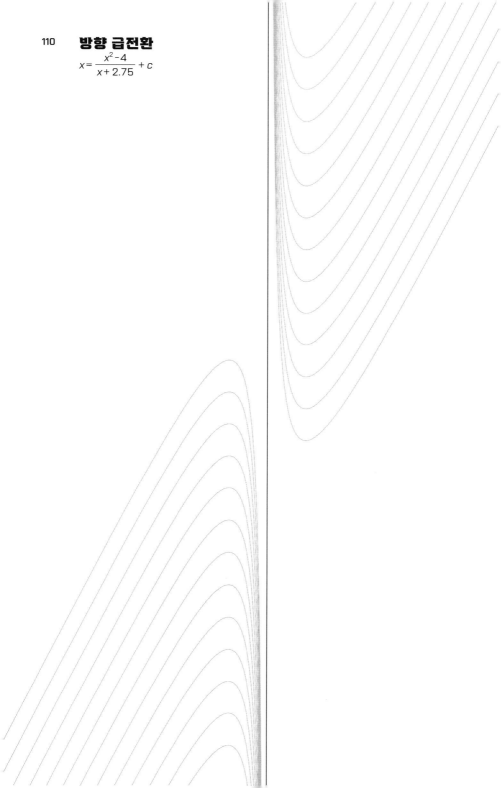

블라인드

졸라매는 끈은
$x = \sin \dfrac{1}{y}$ 을 오른쪽과 위쪽으로 이동시킨 것 ;
아래쪽 선들은 점 (0, c)와 점 (5.5, c)를
이동된 $x = \sin \dfrac{1}{y}$ 의 극소값, 극대값과 연결한 것이다 ;
나머지 선들은 표준적인 $y = c$ 이다.

무한 근육

$y = -\tan x + c$

$c \geq 2.5$ 구간에서 $y = \dfrac{x+c}{3x+2}$

맨 아래에 있는 회색 곡선 $y = \dfrac{x+2.5}{3x+2} + \dfrac{11}{12}$ 은 과연 검은색 선 $y = \dfrac{5}{4}$ 에 닿을 수 있을까?

소용돌이

$r = \dfrac{0.2}{\theta}$ 를 위쪽과 왼쪽으로 이동시키는 작업을 반복한다;

큰 소용돌이를 회전시켜 이동시킨다.

성장

$y = \dfrac{1}{1 + e^{-4x}} + c$ 를 오른쪽으로 이동시킨다.

이 예에 나온 것과 같은 로지스틱 함수(logistic function, 개체군의 성장 등을 나타내는 함수)는 응용되는 곳이 많다. 예를 들면, 체스의 엘로 평점 시스템(Elo rating system)에서 로지스틱 함수는 한 선수가 상대방을 이길 확률의 모형을 만드는 데 쓰인다. 곡선은 오른쪽은 높이 1, 왼쪽은 0에 접근하지만 어느 쪽에도 결코 도달하지 않기 때문에, 이것은 당신이 상대를 이길 확률이 거의 0% 또는 100%에 가까울 수 있지만 게임의 결과는 결코 확실하지 않다는 걸 시사한다.

날개

$c = 1, 2, \cdots 26$에 대해 $x = -e^{\frac{cy}{12}}$와 $x = -e^{-\frac{cy}{12}}$를 위쪽으로 이동시킨다.

$x < b$ 구간에서 $y = x + c$;
$x \geq b$ 구간에서 $y = x + c - 0.125$

변수 b는 0.5와 4.5 사이에 존재하는 무작위적인 점이다.
$x < b$ 구간에서 $y = x + c$이고, $x \geq b$ 구간에서 $y = x + c - 0.125$일 때,
그래프는 $x = b$에서 점프를 하는데, 이 점을 도약 불연속점이라고 한다.

가짜 파동

$$y = x - \frac{x^3}{6} + \frac{x^5}{120} - \frac{x^7}{5040} + c\text{를 왼쪽으로 이동시킨다};$$

$$y = \sin x + c\text{의 다항식 근사}$$

이것은 파동일까? 진짜 파동은 아니다. 파동은 올라갔다 내려갔다 하는 과정이 끝없이 반복된다. 이 곡선은 한 번 올라갔다가 두 번 내려간다. 하지만 많은 변을 가진 다각형이 원의 시작인 것과 마찬가지로, 이렇게 꿈틀거리는 곡선은 진짜 파동의 시작이다. 방정식에 항을 계속 추가하면, 곡선에 마루와 골짜기가 더 많이 생겨난다. 진짜 사인 곡선은 아니지만, 점점 더 사인 곡선에 가까이 다가가 마침내 극한에 이른다.

7장 회전

어지러운 대칭

회전 놀이 기구를 타본 적이 있는가? 아이들은 짜릿한 전율을 느끼는 반면, 어른들은 멀미를 한다. 하지만 모든 연령대가 비슷하게 방향과 위치 감각에 혼란을 겪는데, 마치 세상이 거꾸로 뒤집힌 것 같고 감각을 지각하는 능력이 뒤죽박죽된 듯한 느낌이 든다.

이것이 바로 회전의 힘이다. 회전은 우리가 방향 감각을 상실하게 만든다.

수학자에게는 이것이 아이러니하다. 회전은 현실을 뒤죽박죽으로 만들지 않는다. 오히려 다른 활동들과 달리 현실을 보존한다. 회전은 등거리 변환이다. 즉, (대칭과 평행 이동으로) 어떤 형태의 속성을 변화시키지 않고 그 형태를 옮길 수 있는 극소수 방법 중 하나라는 뜻이다.

이런 점에서 회전은 역설적이다. 회전은 방향 감각을 상실하게 만들지언정 무엇을 해체하진 않는다. 우리는 팔이 5개 달린 불가사리와 가지를 6개 뻗은 눈송이, 꽃잎이 7개인 꽃의 아름다움에 끌린다. 그런 형태에서 회전은 대칭이며, 구조를 변화시키지 않고 보존하는 행동이다. 회전 대칭인 물체는 가만히 정지해 있으면서 회전하는 것처럼 보이며, 또한 회전하면서 가만히 정지해 있는 것처럼 보인다.

이어지는 페이지들은 방향 감각을 유지하는 동시에 방향 감각을 잃는 경험을 선사할 것이다. 여기에 등장하는 회전들은 직선을 기반으로 한 당신의 기대에서 벗어날 것이다. 그와 동시에 다른 경험을 기대해도 좋다. 그것은 울렁이는 뱃속은 제발 그러지 말라고 하는데도 묘한 느낌에 사로잡혀 우리의 발길을 다시 회전 놀이 기구로 이끄는 기대와 같은 것이다.

요동

작은 검은색 원으로 시작한다 ;
회전시키고 확대해 다음번 원을 만든다.

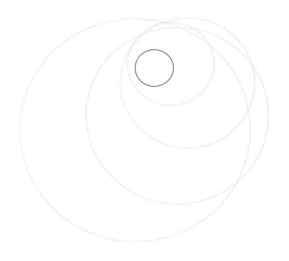

피루엣(한 발을 축으로 빠르게 도는 발레 동작)

작은 검은색 정사각형으로 시작한다;

페이지 중심 주위로 회전시켜 원을 만든다.

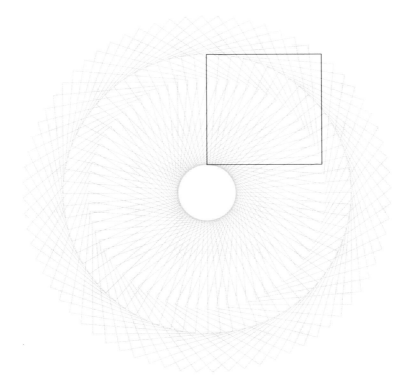

원반

작은 정사각형으로 시작한다; 반지름 1인치의 원 주위에서 계속 회전시킨다;
원점은 페이지 중앙으로 이동시킨다.

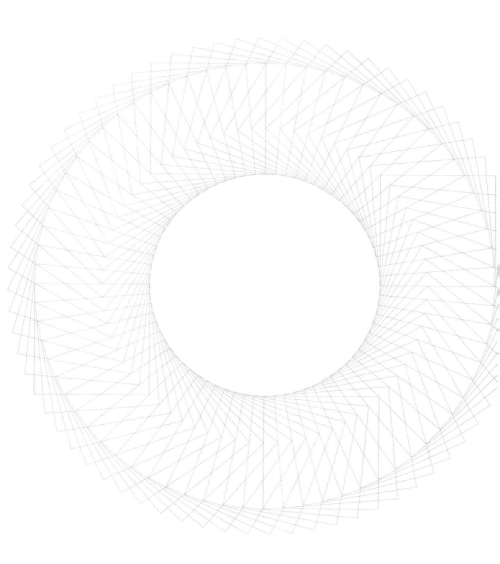

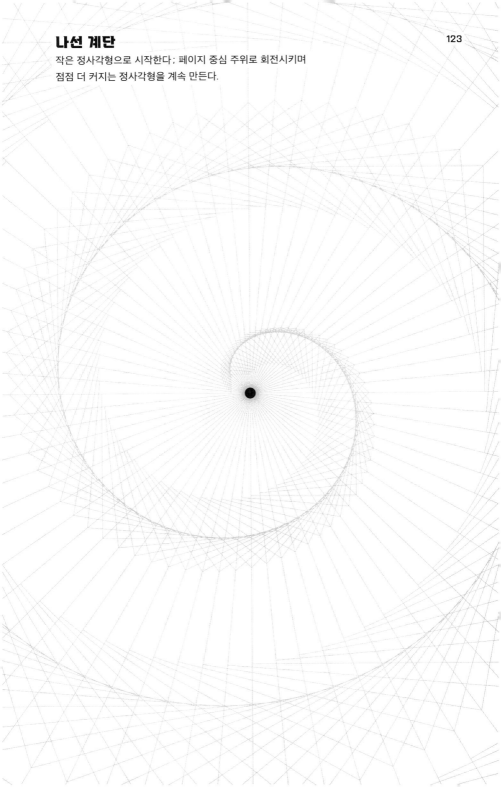

나선 계단

작은 정사각형으로 시작한다; 페이지 중심 주위로 회전시키며
점점 더 커지는 정사각형을 계속 만든다.

비틀린 귀

위쪽 모퉁이를 90° 회전시킨다; 평행 이동시켜 자리를 잡게 한다;
왼쪽 맨 위 모퉁이에 흰색 직각삼각형을 그린다.

시장 거리

$y > 7.25$ 구간에서 $x = 1$; $y \leq 7.25$ 구간에서 $y = -\dfrac{7.25}{4}(x - 5)$;

페이지를 검은 선에서 왼쪽으로 61.11° 회전시킨다.

우회로

$y = c$를 가운데에서 26.5° 회전시킨 뒤 왼쪽 맨 아래로 이동시킨다.

네 모퉁이
페이지 중심을 30°, 120°, 210°, 300° 회전시킨다.

남서쪽

페이지 중심을 135° 회전시킨다.

방사상

k = 0, 1, 2, 3, 4, 5에 대해 왼쪽 가장자리 중앙을 $(30k)$°만큼 회전시킨다.

반회전

$-2.75 \leq x \leq 0$와 $y > 6$ 구간에서 $y = c$;

$0 \leq y \leq 6$와 $x < -2.75$ 구간에서 $x = -c$

옆으로 드러누운

뒤집어 −90° 회전시킨다.

네덜란드 판화가 에셔(M. C. Escher)는 수학 개념에서 영감을 얻었다. 그는 "우리는 공간을 모른다. 우리는 공간을 볼 수도 들을 수도 느낄 수도 없다. 우리는 그 한가운데에 서 있고, 우리 자신은 공간의 일부이지만, 공간에 대해 아무것도 모른다."라고 말한 적이 있다. 여기서 빙빙 돌면서 끝없이 반복되는 파충류들은 구조의 해체 없이 방향 감각을 혼란에 빠뜨리는, 놀라운 예이다.

8장 　확대와 축소　　　큰 것과 작은 것의 운율

　당연한 얘기지만, 물리적 현실에서는 크기가 아주 중요하다. 이것은 단순히 큰 피자가 작은 피자보다 더 많은 사람을 먹일 수 있다는 문제가 아니다.

　큰 피자와 작은 피자는 조리 시간에서부터 크러스트와 치즈 비율에 이르기까지 속성 자체가 완전히 다르다. 더 극단적인 크기에서는 그 차이가 더욱 심하게 나타난다. 광대한 은하 수준에서는 중력이 지배적인 힘으로 작용하지만, 미소한 분자 수준에서 중력의 영향력은 사실상 사라지고 만다.

　역시나 당연한 얘기인데, 수학적 상상에서 크기는 전혀 중요하지 않다.

　수학의 여러 즐거움 중 하나는 축척을 무한히 늘리거나 줄일 수 있다는 점이다. 0.3에서 0.4 사이의 간격은 0.33에서 0.34나 0.333에서 0.334, 혹은 0.33333333에서 0.33333334 사이의 간격과 동일한 속성을 지닌다. 수학에서는 모든 크기 단계들의 운율이 일치한다. 큰 것이건 작은 것이건 기본 구조는 모두 동일하다.

　노트 페이지는 물리적 대상일까, 아니면 수학적 상상력의 작품일까? 물론 둘 다 정답이다. 따라서 이 장은 크기에 관한 두 가지 개념을 모두 활용해 펼쳐진다. 닐 게이먼Neil Gaiman이 쓴 『신들의 전쟁American Gods』에 나오는 구절이 떠오른다. 거기서 한 작중 인물이 밤하늘을 바라보며 이렇게 말한다. "섀도는 자신이 머리 위 30cm 높이에 있는 1달러만 한 크기의 달을 보고 있는지, [혹은] 수천 마일 밖에 있는 태평만 한 크기의 달을 보고 있는지 알 수 없었다."

　물리적 현실에서는 두 가지 가능성이 대립한다. 하지만 수학에서는 그 둘이 서로 일치한다. 게이먼은 "어쩌면 그것은 그저 관점의 문제일지 모른다."라고 썼다.

클로즈업

페이지를 2.5배 확대한다.

스케일 모델(미니어처)

표준적인 페이지를 $\frac{1}{2}$ 로 축소해 중앙으로 이동시킨다.

2 × 2

표준적인 페이지를 $\frac{1}{2}$로 축소해 2×2 분할 격자에 배치한다.

압축

수직 방향의 축척을 원래 크기의 $\frac{1}{40}$로 줄인다.

사라져가다

표준적인 페이지를 가지고 시작해 현재 크기의 80%로 축소한 뒤
페이지 중앙으로 옮긴다 ; 같은 과정을 계속 반복한다.

층상 구조

표준적인 페이지를 가지고 시작해 현재 크기의 70%로 축소한 뒤
180° 회전시킨다; 왼쪽 맨 위로 이동시킨다; 같은 과정을 계속 반복한다.

모자이크, 15열

15열의 원들로 모자이크를 만든다.

모자이크, 20열

20열의 원들로 모자이크를 만든다.

모자이크, 33열

33열의 원들로 모자이크를 만든다.

모자이크, 42열

42열의 원들로 모자이크를 만든다.

$y = c$; 각 선은 표준 선 두께의 0.5, 1, 3, 5배의 두께를 사용하고,
불투명도(또는 투명도)는 모두 50%로 한다.

축소와 확대는 단지 크기에만 영향을 미치는 게 아니다. 모든 점진적 과정에 대한 일종의 은유 역할을
할 수도 있다. 한 예는 투명도이다. 어떤 물체는 불투명해 뒤에 있는 물체를 가리는가 하면, 어떤 물체
는 투명해 모습이 사라진다. 그리고 이 양극단 사이에는 다양한 투명도(또는 불투명도)를 가진 물체
가 존재한다. 양극단 사이를 보간법(interpolation)으로 짐작하는 것도 일종의 확대와 축소이다.

9장　극좌표계

수학 대중화 작가인 마틴 가드너Martin Gardner는 "문명인은 실내에서건 실외에서건 온 사방이 미묘하고 눈에 잘 띄지 않는 대립으로 둘러싸여 있다. 그것은 사물의 형태를 결정짓는 두 가지 오랜 방식 사이에 벌어지는 대립으로, 그 두 가지 형태는 직각과 둥근 것이다."라고 썼다.

지금까지 우리는 직각 관점을 견지해왔다. 포물선과 원, 파동처럼 둥근 모양을 만들면서도 직교 좌표계를 사용했다는 의미이다. 즉, 이 체계는 모든 점의 위치를 수직선과 수평선의 직교 격자 위에서 정한다.

하지만 극좌표계라는 또 다른 방법이 있다. 먼저 페이지 어딘가에 나침반 방위판이 있다고 상상해보라. 거기서 동쪽 방향은 0°이다. 나침반 바늘이 반시계 방향으로 돈다고 상상해보라. 그러면 북쪽은 90°, 서쪽은 180°, 남쪽은 270°이고, 그런 식으로 각도는 증가해 360°가 되면 다시 동쪽을 가리키게 된다.

극좌표계로 페이지 위의 어느 점을 나타내려면 두 개의 수만 있으면 충분하다. 하나는 나침반 방위판 위에서 그 점이 있는 각도(θ)이고, 또 하나는 방위판 중심에서의 거리(흔히 r로 나타낸다)이다. 예를 들어 나침반 방위판이 오른쪽 페이지 중앙에 있다면, 맨 위쪽 가운데 지점은 각도가 90°이고, 중심에서의 거리는 4.25이다. 한편, 책등 안쪽 가운데 지점은 각도가 180°이고 중심에서의 거리는 2.75이다.

이 새로운 언어는 나선과 고리를 비롯해 이전에 우리가 이해하는 데 애로를 겪었던 여러 둥근 형태를 기술하기에 아주 좋다. 이 장에서는 새로운 종류의 곡선들 외에도 공간 자체의 새로운 개념도 소개한다.

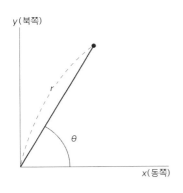

햇살

$\pi \le \theta \le \dfrac{3}{2}\pi$ 구간에서 $\theta = c$; 원점은 $(0, 7.25)$로 옮긴다.

클로버

클로버

$0 \leq \theta \leq 2\pi$ 구간에서 $r = \cos 4\theta + \sin^2 4\theta + c$;
원점은 페이지 중앙으로 옮긴다.

실패에서 풀리는 실

$y = c$; 수직 방향의 나선은 $-25\pi \le \theta \le 2$ 구간에서 극좌표가 $r = \sqrt{\dfrac{1}{\dfrac{\pi}{2} - \theta}}$ 인

리투스lituus 나선이다 ; 원점은 페이지 중앙으로 이동시킨다.

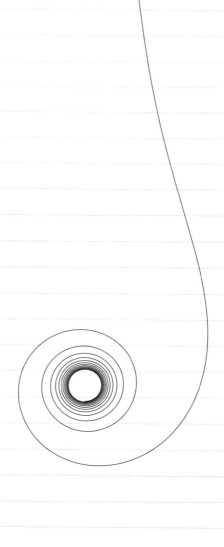

0 ≤ θ ≤ 12π 구간에서 $r = \sqrt{\theta}$와 $r = -\sqrt{\theta}$; 원점은 (2.75, 3.4)로 이동시킨다.

어뢰

$0 \leq \theta \leq \pi$ 구간에서 $r = c \cos \theta \cos 2\theta$, 이것을 회전시켜 이동시킨다.

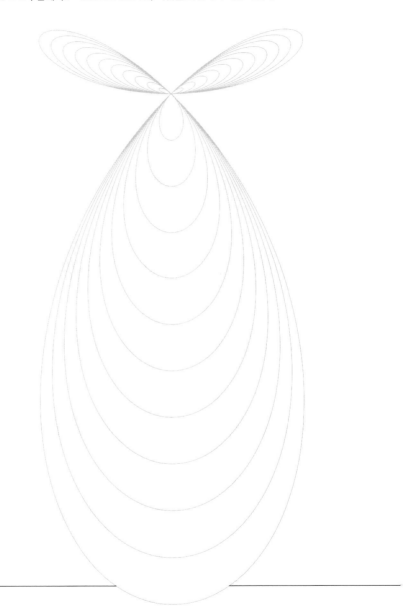

숨어 있는 나선

$y = c$; 그 위에 $0 \leq \theta \leq 24\pi$ 구간에서 $r = \theta$인
두꺼운 흰색 나선을 겹친다; 원점은 페이지 중앙으로 이동시킨다.

데이지

$0 \leq \theta \leq 2\pi$ 구간에서 $r = 4.25 \cos 12\theta$;
원점은 책등 안쪽 중앙으로 옮긴다.

12개의 바느질 구멍

원 주위에 30° 간격으로 각 지점을 표시한다.

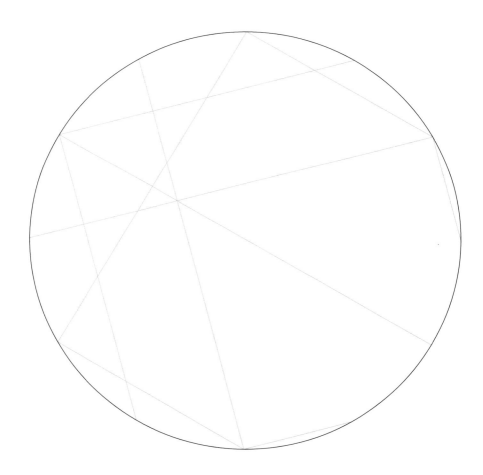

이 페이지를 만들려면, 우선 원을 그린다. 그리고 원 주위에 30° 간격으로 각 지점을 표시한다. 이 지점들에 1부터 12까지 번호를 매긴다. 1에서 2까지 선을 긋는다. 2에서 4까지 선을 긋는다. 이런 식으로 k에서 $2k$로 선을 긋는다. (유의 사항: 그렇다면 10은 20과 연결해야 하는데, 20은 어디에 있을까? 12가 지나면, 다시 1부터 시작한다. 따라서 13은 1, 14는 2,…가 된다.) 이어지는 네 페이지에서는 원 주위에 배치된 지점의 수를 늘릴 것이다. 이 과정을 곡선 스티칭(curve stitching)이라 부른다.

24개의 바느질 구멍

원 주위에 15° 간격으로 각 지점을 표시한다.

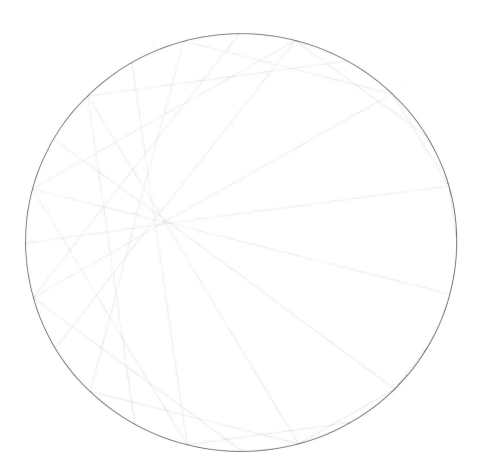

72개의 바느질 구멍

원 주위에 5° 간격으로 각 지점을 표시한다.

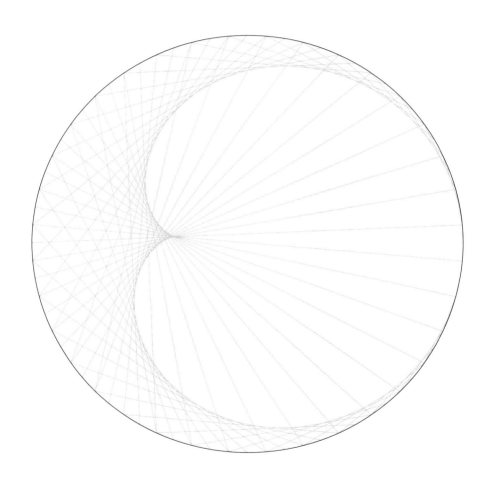

어떤 형태가 나타나는 게 보이는가? 그 답은 다음 페이지에.

심장형

$r = c(1 + \cos \theta)$; 원점은 약간 오른쪽과 위쪽으로 옮긴다.

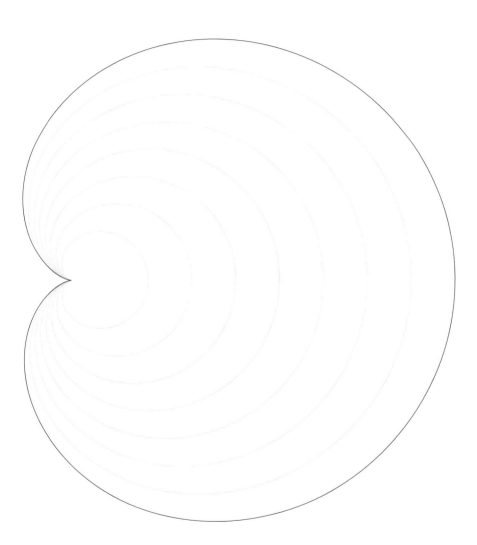

이렇게 나타난 형태를 심장형(cardioid) 또는 심장형 곡선이라 부른다. 이 페이지에는 다양한 크기의 심장형이 여러 개 나타났다. 이 형태는 $0 \leq \theta \leq 2\pi$ 구간에서 $r = 1 + \cos \theta$라는 극좌표를 사용해 만들 수도 있다.

158 프로펠러

$-3\pi - \dfrac{\pi}{2} \leq \theta \leq 14\pi - \dfrac{\pi}{2}$ 구간에서 $r = -\theta \cos 3\theta$;

페이지에 맞는 크기로 비율을 조절한 뒤 위쪽으로 이동시킨다.

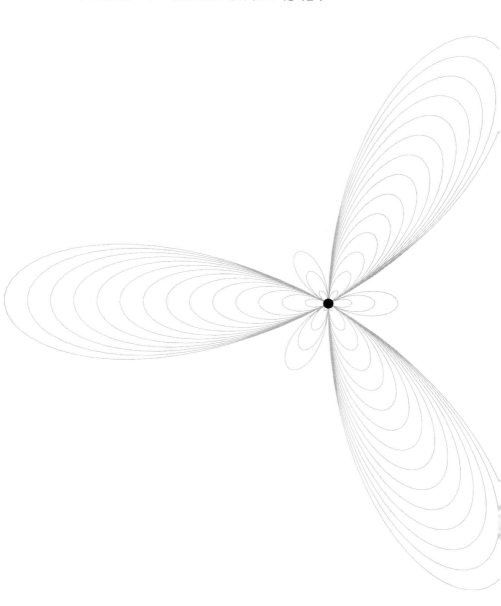

코르사주

$0 \le \theta \le 14\pi - \dfrac{\pi}{2}$ 구간에서 $r = \theta + 2 \sin 2\pi\theta$;

원점은 페이지 중앙으로 이동시킨다.

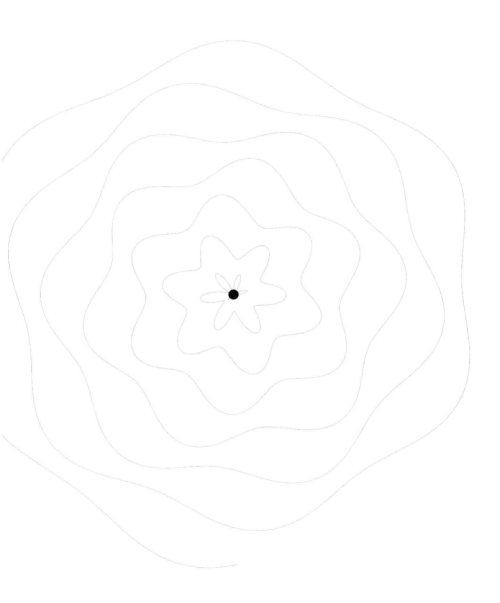

가을

$y = c$;
곡선 $r = 5.2 \cos (\sin 4\theta) + 0.15 \sin 80\theta$를
흰색으로 채운다 ;
비율을 페이지에 맞게 조절하고
회전시킨 뒤 평행 이동시킨다.

만다라

$0 \le \theta \le 2\pi$ 구간에서 $r = 2 + \dfrac{0.5 \cos 12\theta}{1.5 + |\sin 12\theta|}$ 와

$r = 1.5 + 0.25 \cos 6\theta$와 $r = 1.25$; 원점은 페이지 중앙으로 이동시킨다.

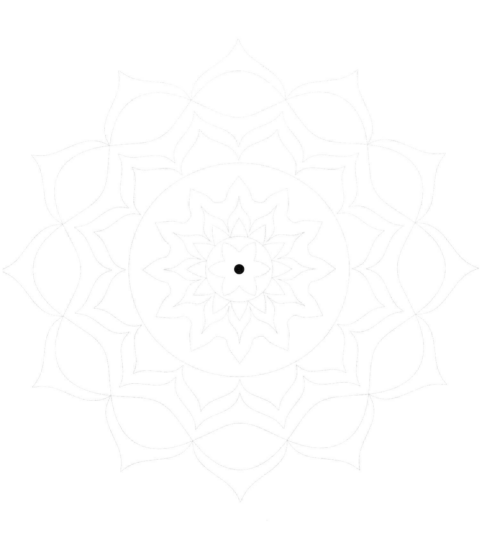

뒤러의 잎사귀선

$0 \leq \theta \leq 4\pi$ 구간에서 $r = c \sin \dfrac{\theta}{2}$; 원점은 페이지 중앙으로 이동시킨다.

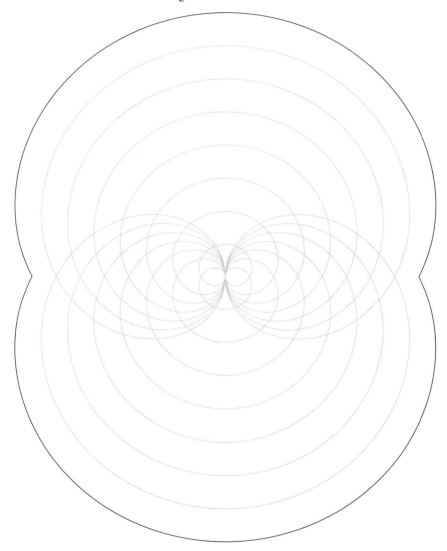

15세기의 독일 미술가 알브레히트 뒤러(Albrecht Dürer)의 이름에서 딴 이 아름다운 고리 모양의 곡선은 장미라는 종의 특별한 표본이다. 하지만 뒤러의 잎사귀선은 일반적인 장미가 아니다. 이것은 어떤 각도를 삼등분하는 데 사용할 수 있다. 각의 삼등분은 전통적인 기하학 도구로는 실행할 수 없다. 이것은 극좌표가 전통적인 도구가 아님을 보여준다. 극좌표 관점은 직교 좌표계로는 꿈만 꿀 수밖에 없는 가능성을 열어준다.

10장　경로

9장을 제외하고 이 책에 나오는 모든 곡선은 x-y 방정식에서 탄생했다. 각각의 곡선은 x와 y 사이의 관계를 구체화한 것인데, 이 두 변수는 불가분의 관계로 얽혀 있다.

그런데 만약 x와 y를 분리할 수 있다면 어떻게 될까?

벽 위를 기어가는 파리를 상상해보라. 그 경로를 하나의 방정식으로 나타내는 대신에 2개의 매개변수 방정식으로 나타낼 수 있다. 시간상의 매 순간에 대해 첫 번째 방정식은 파리의 x 좌표를 알려주고, 두 번째 방정식은 파리의 y 좌표를 알려준다. 특정 순간(예컨대 정오)에 파리의 위치를 알고 싶다면, 단순히 이 방정식들을 나란히 사용하면 된다.

매개변수 방정식은 아주 유연한 언어이다. x와 y를 분리하면, 각각 유례없는 자유를 누릴 수 있고, 협력을 통해 아주 정교한 복잡성을 지닌 형태들을 만들어낼 수 있다. 직교 좌표계의 직각 형태 도형과 극좌표계의 둥근 곡선, 지그재그에서 나른한 고리까지 온갖 낙서 같은 형태를 포함한 이 모든 경로(그리고 더 많은 것)를 매개변수 방정식으로 구현할 수 있다.

왜 매개변수 방정식이라고 부르냐고? 여기서는 매개변수가 핵심이기 때문이다. 이 책 전체에서 우리는 많은 곡선을 하나로 표현할 때 매개변수 c를 사용했다. 이제 여기서 우리는 많은 순간(즉, 많은 점)을 하나로 표현할 때 매개변수 t를 사용한다. 매개변수는 상수와 변수의 특성을 다 지닌 일종의 수학적 양서류이다. 즉, 변하는 상수 또는 일정한 상태로 머무는 변수라고 할 수 있다.

어쨌든 이어지는 페이지들에서는 매개변수가 놀라운 다양성을 열어주는 광경을 보게 될 것이다. 매개변수 방정식은 우리가 상상하는 모든 경로를(심지어 상상을 넘어서는 일부 경로까지도) 그려낸다.

164 자전거 경주

$x = t - \sin t$; $y = 1 - \cos t + c$

나비

$0 \leq t \leq 12\pi$ 구간에서 $x = \sin t\,(e^{\cos t} - 2\cos 4t - \sin^5 \dfrac{t}{12})$와

$y = \cos t\,(e^{\cos t} - 2\cos 4t - \sin^5 \dfrac{t}{12})$를 오른쪽과 위쪽으로 이동시킨다.

좁은 통로

$0 \leq t \leq 2\pi$ 구간에서 $x = \cos(10t)\sin(10t)$와 $y = \sin(20t)\cos(7t)\sin(20t)$를
왼쪽과 위쪽으로 이동시킨다.

슬링키(용수철 장난감)

$0 \leq t \leq 1$ 구간에서 $x = 4\pi t + 4\pi(\cos 80\pi t - \cos 2\pi t)$와
$y = \cos 4\pi t + 4\pi(\sin 80\pi t - \sin 2\pi t)$를 축소시켜 위쪽으로 이동시킨다.

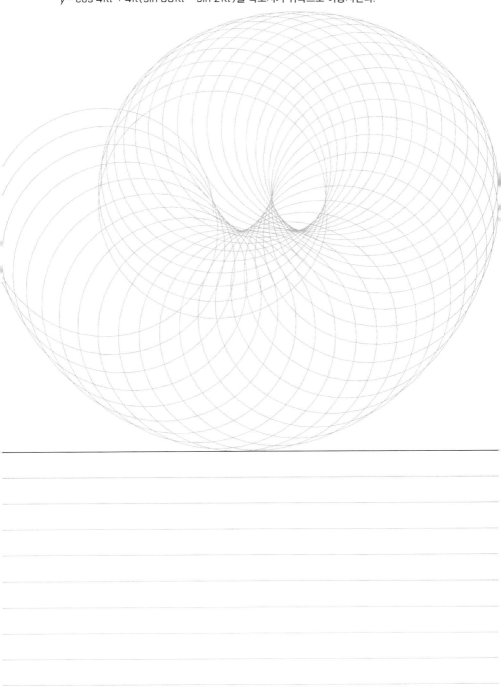

밸런타인데이 카드

$0 \le t \le 2\pi$ 구간에서 $x = 16 \sin^3 t$ 와

$y = 13 \cos t - 5 \cos 2t - 2 \cos 3t - \cos 4t$ 를

왼쪽과 위쪽으로 이동시키고, 비율을 조절해 다양한 크기로 만든다.

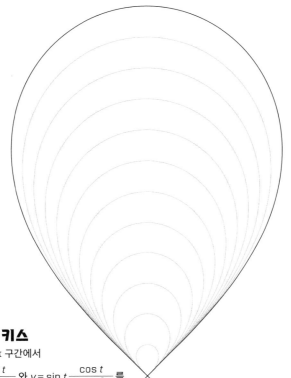

풍선의 키스

0 ≤ t ≤ 2π 구간에서

$x = \dfrac{\cos t}{1 + \sin^2 t}$ 와 $y = \sin t\, \dfrac{\cos t}{1 + \sin^2 t}$ 를

회전시켜 위쪽으로 이동시킨다.

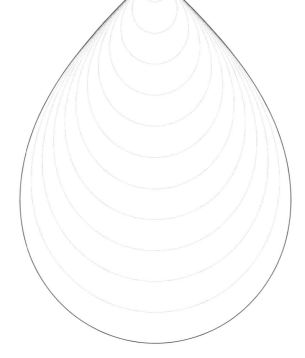

웜홀

$-8 \le t \le 8$ 구간에서 $x = 2(\cos^2 6.1t) \sin (\sin 7.6t)$와
$y = 2(\sin 6.1t) \cos (\cos 7.6t)$; 원점은 페이지 중앙으로 이동시킨다.

매개변수 방정식은 굴곡이 아주 큰 곡선을 만들 수 있다. 전통적인 $y = f(x)$ 함수와 달리 수직선 테스트(vertical line test)에 제약을 받지 않기 때문이다. 수직선 테스트에 따르면, 정의역 범위에서 수직선을 그렸을 때 함수의 그래프와 만나는 점이 하나밖에 없으면 그 그래프는 함수의 그래프이다. 어떤 테스트는 실패할 만한 가치가 있다. 이 페이지의 매개변수 곡선은 수직선 테스트에서 극적으로 실패하며, 아름답게도 함수가 아니다.

$y = c$; $0 \le t \le 2\pi$ 구간에서 $x = \dfrac{16 \sin^3 t}{6.5} + \dfrac{5.5}{2}$ 와

$y = \dfrac{13 \cos t - 5 \cos 2t - 2 \cos 3t - \cos 4t}{6.5} + 4$ 로 생긴 흰 심장을 겹친다.

에피사이클로이드

$0 \leq t \leq 2\pi$ 구간에서 $a = \dfrac{1}{4.5 + c}$, $b = \dfrac{10}{4.5 + c}$,

$x = (a + b)\cos t - a\cos\dfrac{t(a + b)}{a} - \dfrac{5.5}{2}$,

$y = (a + b)\sin t - a\sin\dfrac{t(a + b)}{a} + \dfrac{8.5}{2}$

빙글빙글 돌기

$0 \leq t \leq 20$ 구간에서 $x = t + \dfrac{\cos 14t}{t}$ 와 $y = t + \dfrac{\sin 14t}{t}$ 를

오른쪽과 위쪽으로 이동시킨다 ; $y = x$

레이스 1

$0 \leq t \leq 2$ 구간에서 $x = 2 \sin 13\pi t$ 와 $y = 3.5 \cos \pi t$ 를 위쪽으로 이동시킨다.

레이스 2

$0 \le t \le 2$ 구간에서 $x = 2 \sin 13\pi t$와 $y = 3.5 \cos 3\pi t$를 위쪽으로 이동시킨다.

레이스 3

$0 \leq t \leq 2$ 구간에서 $x = 2 \sin 13\pi t$ 와 $y = 3.5 \cos 5\pi t$ 를 위쪽으로 이동시킨다.

레이스 4

$0 \leq t \leq 2$ 구간에서 $x = 2 \sin 13\pi t$ 와 $y = 3.5 \cos 7\pi t$ 를 위쪽으로 이동시킨다.

하모노그래프(진동하는 추로 기하학적 도형을 그리는 장치)

$0 \le t \le 250$ 구간에서 $x = -\cos(2.01t - \frac{\pi}{2})e^{-0.00085t} - \cos(3t - \frac{\pi}{16})$ 와

$y = -\sin(3t)e^{-0.00065t} - \sin 2t$; 원점은 페이지 중앙으로 이동시킨다.

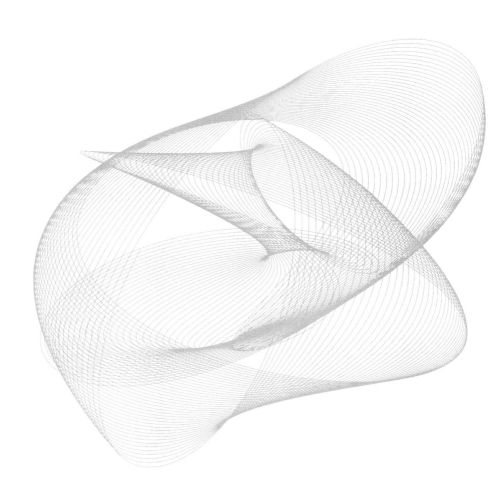

매개변수 방정식 접근법에서는 x와 y에 대한 방정식을 별도로 분리한다. 바꿔 말하면, 수평 방향의 움직임을 수직 방향의 움직임과 분리한다. 19세기 후반에 유행했던 그래프 작성 장비인 하모노그래프 (harmonograph)는 바로 이 논리를 바탕으로 작동한다. 2개의 진자가 펜의 움직임을 제어하는데, 하나는 수평 방향의 움직임을, 하나는 수직 방향의 움직임을 제어한다. 그 결과로 아름다운 곡선들이 아주 다양하게 나오는데, 이것들은 y로부터 x를, x로부터 y를 해방시킨 실행이 낳은 결실이다.

11장 **무작위성** 카오스에서 나온 뜻밖의 결과

아포페니아apophenia는 실제로는 아무 패턴이 없더라도 모든 것에서 어떤 패턴을 보려고 하는 인간의 경향을 말한다. 우리는 이리저리 흩어진 별들을 연결 지어 별자리를 보고, 시끄러운 소음 가운데에서 이름과 속삭이는 소리를 듣는다. 그런가 하면 아무 관계가 없는 사건들을 연결 지어 거대한 음모를 지어내기도 한다. 이렇게 늘 패턴을 찾는 우리 마음은 진정한 무작위성을 결코 받아들일 수 없는 것처럼 보인다. 이것은 우리의 맹점이다.

다행히도 그것은 우리의 비상한 능력이기도 하다.

인간의 뇌는 무작위성을 의미로 변환시키는 일종의 엔진이다. 연료 탱크에 약간의 카오스를 집어넣고 나서 마음이 이 기이한 연료에 추진되어 어떻게 앞으로 쏜살같이 달려가는지 지켜보라. 많은 음악가와 미술가는 이 현상을 활용하는데, 무작위로 섞인 카드에서 자극을 받아 창조적인 영감을 얻는다. 이 과정은 불탄 뼈에 생긴 균열이나 야생 조류의 경로를 보고서 사냥감을 추적할 방향에 대한 단서를 얻던 고대의 의식을 떠오르게 한다.

진정한 무작위성은 이루기가 어렵지만, 수학자들은 유사 난수를 아주 잘 만들어낸다. 유사 난수는 고정된 방정식에서 나오지만, 사실상 예측 불가능하다. 이러한 수학적 무작위성의 비행이 당신에게 어떤 아포페니아를 자극하는지 살펴보라.

무작위 선

(0, c)와 페이지 왼쪽에 있는 임의의 점을 연결시킨다.

원 3개를 그린다. $y = \dfrac{c}{2}$의 선은 원과 교차하지 않는 부분에만 그린다;
선이 원과 교차하는 부분에는 수직선을 그린다.

어수선한 책상
페이지에 있는 임의의 점을 선택해 그 주위로 임의의 각도만큼 회전시킨다.

사라져가는 소리

$0 \leq x \leq 1.5 \sin 2c + 3.5$ 구간에서 $y = \sin 2x + c$

실

$y = mx + c$, 여기서 m은 − 0.3과 0.3 사이의 임의의 수

입체파

페이지에서 임의의 직사각형 지역을 선택한다;
임의로 90°나 180°나 270° 회전시킨다.

녹는 선

$y = c$; 녹는 선들은 $y = e^{0.2x} \sin(-2x) + \sin(-3x)$ 형태의 곡선으로 만든다.

잉크 자국

$y = c$; 이 직선에서 임의의 점들을 선택한 뒤,
임의의 길이(0.1과 0.4 사이에서)를 가진 선분 위에 걸쳐진
$y = \sin x$와 $y = -\sin x$ 사이의 공간을 채운다.

추락하는 선

추락한 선들은 $(0, c)$와 $(-b, 0)$ 또는 $(-5.5, 0)$과 $(-5.5 + b, 0)$을 연결한다.

$$b = 5.5 \sin \left(\cos^{-1} \frac{c}{5.5} \right).$$

무작위적인 파동

$y = 0.1 \sin 10x + 0.05 \sin 80kx + c,$
여기서 k는 0과 1 사이에 있는 임의의 수이다.

무작위적인 위아래

임의의 수평선 12개와 임의의 수직선 13개를 그린다;
$y = 7.25$에서 검은색 선을 그린다.

12장 3차원

인간의 시각은 곤란한 수수께끼를 풀기 위한 해결 방안으로 진화했다.

알다시피, 세계는 가로, 세로, 높이의 세 차원으로 이루어져 있다. 하지만 우리의 눈은 2차원 망막에 정보를 모은다. 망막 평면은 가로와 세로는 있지만 깊이(높이)가 없다. 따라서 뇌는 불완전한 데이터 집단을 가지고 3차원 실제 세계를 재구성해야 한다.

이 과정은 기적과 같은 것이지만, 본질적으로 불완전한 것이다. 우리가 착시 현상의 희생양이 되는 것은 이 때문이다. 영리한 미술가는 서로 모순되는 단서나 가짜 이미지를 떠오르게 하는 단서를 제공함으로써 뇌의 이러한 특성을 이용한다. 그렇다고 해서 뭔가 해결하려고 할 필요는 전혀 없다. 우리의 시각 자체가 일종의 행복한 착각이라고 말할 수 있다.

이 책의 마지막 장인 이 장에서는 우리 자신의 착시 현상을 다룰 것이다. 2차원 종이를 가지고 3차원 경험을 만들어내려고 시도할 것이다. 그러면서 우리는 종이 아트 작가 제프 니시나카Jeff Nishinaka의 발자취를 따라갈 것이다. 그는 "종이는 그 자체로 에너지와 생명을 갖고 있으며, 나는 단지 이미 그곳에 있는 것을 해방시키거나 드러낼 뿐이라고 생각한다."라고 말한 적이 있다.

모퉁이를 돌아

$-1 \leq x \leq 0$ 구간에서
점 $(5, 8.5)$[페이지 밖에 있는]와 점 $(-1, c)$를 잇는 선을 그린다;
$-5.5 \leq x \leq -1$ 구간에서
점$(-1, c)$과 점$(-13.5, 8.5)$[역시 페이지 밖에 있는]를 잇는 선을 그린다.

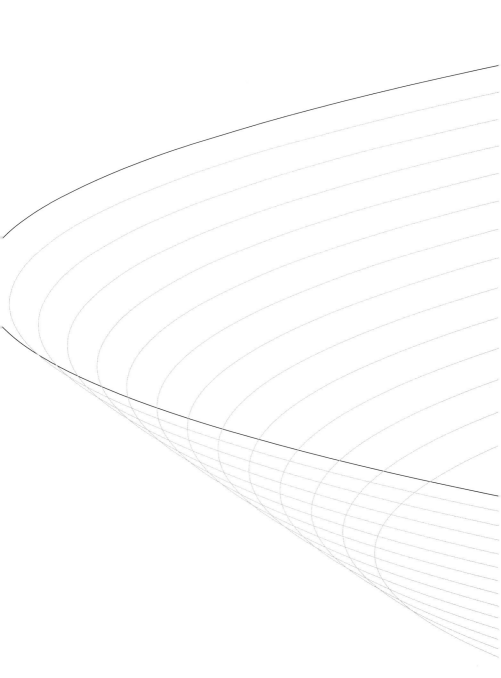

그릇

$x = (y - c)^2 - c$를 오른쪽으로 이동시킨다.

커튼

$y = -x \sec^2 c + \tan c - c \sec^2 c + 3$을
왼쪽으로 이동시킨다.

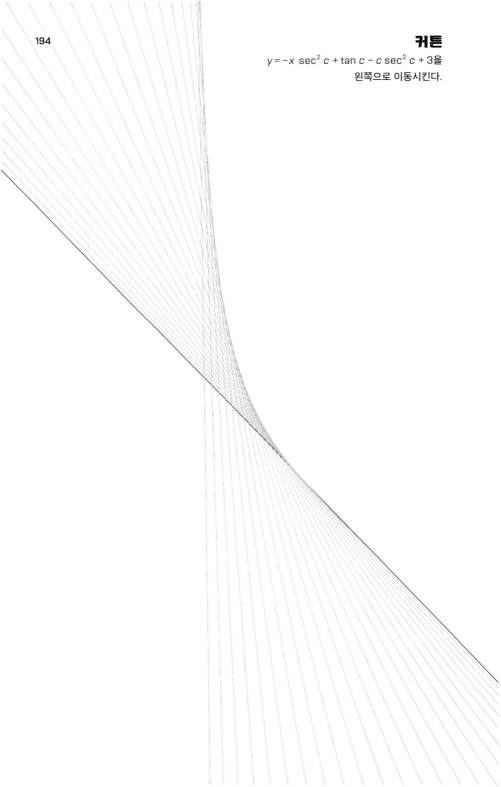

올챙이배

$y = \dfrac{c}{2}$; 선이 원 $\left(x - \dfrac{5.5}{2}\right)^2 + \left(y - \dfrac{7.55}{2}\right)^2 = 4$와 교차하면,

원의 양 가장자리 사이에 포물선을 그린다.

하트

$15^2 - \left(|x| - \dfrac{y}{2}\right)^2 - y^2 = 0$과 교차할 때를 제외하고는

$y = c$를 왼쪽과 위쪽으로 이동시킨다 ; 심장 내부는

$\cos\left(-2x - 2y - \sqrt{15^2 - \left(|x| - \dfrac{y}{2}\right)^2 - y^2}\right) = 0$을 왼쪽과 위쪽으로 이동시킨다.

급강하

$$x = 5\left(\frac{-2t\,(t^2-1)}{(1+t^2)(1+t^2)} \right) + 2.6 \, ; \, y = 2.5\left(\frac{-(0.1t^2c-1)}{(t^2+1)} \right) + 5.9$$

소용돌이

검은색 정사각형을 90%로 축소시킨다; 그 결과로 생긴 정사각형을 90%로 축소시킨 뒤 5.7° 회전시킨다. 이 과정을 여섯 번 반복한다; 마지막 정사각형을 90%로 축소시킨 뒤 −5.7° 회전시키는 과정을 여섯 번 반복한다.

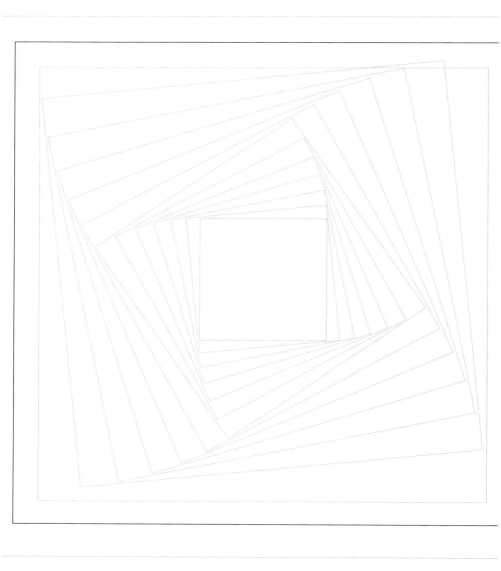

$y = 0.5(x - 2.75)^{\frac{2}{3}} + c$와 $x = 2.75$를 7.5° 회전시킨다.

중앙의 모퉁이

점 (0, 3.625), 점 (−2.625, c), 점 (−5.25, 3.625)를 연결하는 선분을 그린다.

붕괴

$$y = \ln\left(-\frac{cx}{10} + 5\right) + c$$

하늘을 향해

$x \leq 0$ 구간에서 $y = c(e^{\frac{0.25x}{c}} + e^{-\frac{0.25x}{c}}) + c$

$z = \cos^2 x + \sin^2 y$의 윤곽

계단

이쪽 단들은 한 계단 내려갈 때마다 한 단위 옆으로, 한 단위 아래로 이동한다.
저쪽 단들 역시 한 계단 내려갈 때마다 한 단위 옆으로, 한 단위 아래로 이동한다.

3차원 계단을 2차원으로 나타낸 이 그림은 두 가지로 지각할 수 있다. 첫 번째는 오른쪽 아래의 흰색 지역을 더 가까운 벽이라고 간주하고서 계단이 오른쪽에서 왼쪽으로 내려간다고 보는 것이다. 두 번째는 이곳을 더 먼 쪽에 있는 벽이라고 간주하는 것이다. 그러면 계단이 거꾸로 뒤집힌 것으로 보인다. 슈뢰더 계단(Schroeder stairs)이라 부르는 이 착시 현상은 2차원 데이터를 사용하는 3차원 지각이 어떻게 불가피한 모호성을 낳는지(그리고 이 모호성이 어떻게 우리에게 즐거움을 주는지) 보여준다.

끝맺는 말

어떤 아이디어의 질을 평가할 때, 우리는 종종 '선'(여기선 '기준'이나 '경계'란 뜻)을 언급한다. 따분하고 전통적인 것인가? 선들 내부에 그저 색칠을 한 것인가? 미묘하고 통찰력이 넘치는 것인가? 선들 사이에서 행간을 읽었는가? 함축적이고 도발적인가? 선들을 모호하게 만들었는가?

이 노트에서 우리가 추구한 목표는 다른 것인데, 선들을 다시 그리는 것이었다.

우리는 이 비표준적인 페이지들이 비표준적인 생각을 자극하길 기대한다. 만약 당신이 어떤 페이지를 특별히 생생하거나 흥미진진한 용도로 사용한다면, 우리도 그것을 보고 싶다. 어쩌면 당신은 여기에 영감을 얻어 독자적인 페이지를 만들고 싶을지도 모른다. 데스모스Desmos의 사용자 친화적 계산기를 무료로 사용해 26줄짜리 노트 페이지를 위한 매개변수 함수를 디자인할 수 있다. 혹은 파이썬 코드를 작성할 수 있다면, 이미지들을 더 편리하게 제어할 수 있는 견본들이 있다. 스캐닝한 이미지나 사진을 우리에게 보내려고 하거나 데스모스와 파이썬 견본에 접속하는 링크를 찾고 싶다면, https://press.uchicago.edu에서 이 책의 페이지를 방문하라.

더 많은 것을 알고 싶다면

이 페이지들은 대수학 1(대개 8학년 또는 9학년 수준, 우리나라 기준으로는 고등학교 2~3학년 수준)에서 미적분 3(대개 대학교 2학년 또는 3학년 수준)에 이르는 수학 교과 과정에 나오는 개념들을 기반으로 만들어졌다. 더 깊은 탐구를 위한 좋은 도구로 데스모스의 그래프 제작 시스템(https://www.desmos.com/calculator)이 있다.

유튜브도 아주 소중한 도서관이다. 일부 채널(칸 아카데미Khan Academy 같은)은 포괄적인 스킬 기반 강의를 제공한다. 또 어떤 채널들(3Blue1Brown 같은)은 대학 수준의 개념들을 아름다운 시각화를 통해 접근할 수 있는 길을 제공한다. 그런가 하면 통상적인 방법에서 벗어나 재미있는 수학 개념들을 탐구하는 채널(Numberphile처럼)도 있다.

수학 개념을 재미있고 쉽게 설명하는 책들도 아주 많다. 특별히 수학과 관련이 있는 두 권을 소개한다면, 폴 록하트Paul Lockhart의 『측정Measurement』과 스티븐 스트로가츠Steven Strogatz의 『미적분의 힘Infinite Powers』이 있다.

물론 훌륭한 선생님보다 더 나은 것은 없다. 그래서 모르는 사람들끼리 서로 수학 질문을 하고 답을 하는 'Math Help' 서브레딧(https://www.reddit.com/r/MathHelp/)도 여러모로 도움이 될 것이다.

감사의 말

이 책의 개념은 마르크 토마세의 Inspiration Pad와 맷 엔로의 트윗(@CmonMattTHINK)에서 튀어나왔다. 그 작업은 이 노트에 나온 것과 같은 페이지들을 만들어 에이미 랭빌과 캐스린 페딩스-벨링Kathryn Pedings-Behling, 타일러 페리니Tyler Perini의 '미적분 해체 Deconstruct Calculus' 시리즈 여기저기에 배치하는 데 영감을 주었다. 솔직히 말해서, 학생들은 이 페이지들을 아주 좋아했다! 학생들의 반응이 너무나도 열광적이어서 우리는 책 전체를 수학에서 영감을 얻은 비표준적인 노트 페이지들로 만들기로 결정했다.

우리는 소셜 미디어에 소개된 혁신적인 아이디어들에 감사드린다. 특히 아일리언 맥도널드Ayliean MacDonald의 트위터 피드(@Ayliean)는 심장형 곡선을 만든 9장의 바늘땀 곡선에 영감을 주었다. 10장의 '웜홀' 페이지는 조 디노토Joe DiNoto의 트위터 피드(@mathteacher1729)를 각색한 것이다. 12장의 '하트' 페이지는 @TETH_Main의 트위터 피드를 각색했다.

마지막으로 벤 올린과 편집자 조 컬레이미아Joe Calamia에게 큰 감사를 드린다. 그 밖에 이 책에 기여한 모든 사람에게 감사드린다.

팀 샤르티에 Tim Chartier

컴퓨터과학을 전공한 응용수학자. 미국 데이비드슨 대학 교수로 있으며 스포츠 데이터를 분석하는 수학자로 유명하다. 뉴욕 타임스, 스포츠 전문 매체 ESPN, 미국 올림픽 및 패럴림픽 위원회, 미국 프로농구 NBA 등 다양한 팀과 함께 일했다. 수학 교육과 대중화에도 관심이 많은 그는 수학 잡지 『매스 호라이즌Math Horizon』 편집 위원으로 활동했으며 구글, 픽사와 협력해 학생들을 위한 교육 프로그램 개발에 참여하기도 했다. 2012년 개관한 미국 국립수학박물관(Museum of Mathematics) 자문 위원회 초대 의장을 맡았다. 『달콤새콤, 수학 한 입Math Bytes』으로 오일러상을 받았으며, 『수치 해석Numerical Methods』(공저), 『인생이 선형일 때When Life is Linear』, 『수학의 X 게임X Games in Mathematics』, 『게임에 참여하라Get in the Game』(공저) 등을 썼다.

에이미 랭빌 Amy Langville

찰스턴 대학 수학과 교수. 기업이나 조직이 자원을 효율적으로 사용하는 데 수학적 분석을 활용하는 운영 연구(OR) 전문가로 활동하고 있다. '미적분학 해체 프로젝트(Deconstruct Calculus Project)'를 이끌어 미적분에 더 쉽게 접근할 수 있는 창의적인 교재를 개발했으며 『1위는 누구인가?Who's #1?』(공저), 『구글의 페이지랭크와 그 너머Google's PageRank and Beyond』(공저) 외 여러 책을 썼다.

옮긴이 이충호

서울대학교 사범대학 화학과를 졸업했다. 현재 과학 전문 번역가로 활동하고 있다. 2001년 『신은 왜 우리 곁을 떠나지 않는가』로 제20회 한국과학기술도서 번역상(대한출판문화협회)을 받았다. 옮긴 책으로는 『사라진 스푼』, 『바이올리니스트의 엄지』, 『뇌과학자들』, 『카이사르의 마지막 숨』, 『원자 스파이』, 『과학 잔혹사』, 『미적분의 힘』, 『진화심리학』, 『불안 세대』, 『다시 쓰는 수학의 역사』, 『바다의 천재들』 등 다수 있다.

비표준 노트

초판 발행 2025년 4월 10일

지은이 팀 샤르티에, 에이미 랭빌 | **서문** 팀 올린
옮긴이 이충호

책임 편집 조은화
디자인 이강효
마케팅 이보민 양혜림 손아영

펴낸곳 (주)북하우스 퍼블리셔스 | **펴낸이** 김정순
출판등록 1997년 9월 23일 제406-2003-055호
주소 04043 서울시 마포구 양화로 12길 16-9(서교동 북앤빌딩)
전화 02-3144-3123 | **팩스** 02-3144-3121
전자우편 henamu@hotmail.com | **홈페이지** www.bookhouse.co.kr
인스타그램 @henamu_official

ISBN 979-11-6405-304-9 03410

해나무는 (주)북하우스 퍼블리셔스의 과학·인문 브랜드입니다.